essentials

Sebastian Gramlich · Emanuel Ionescu
Eckhard Kirchner · Karsten Schäfer
Stefan Schork

Vom Material zur Produktinnovation

Eine kritische Betrachtung der Innovationskette

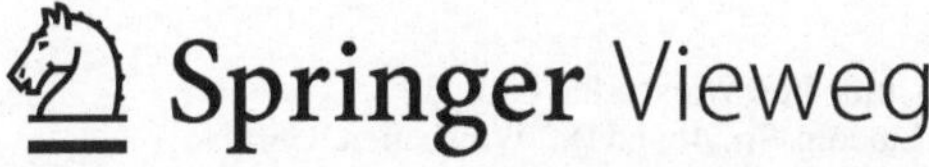

Sebastian Gramlich
Darmstadt, Deutschland

Emanuel Ionescu
Darmstadt, Deutschland

Eckhard Kirchner
Darmstadt, Deutschland

Karsten Schäfer
Darmstadt, Deutschland

Stefan Schork
Darmstadt, Deutschland

ISSN 2197-6708   ISSN 2197-6716   (electronic)
essentials
ISBN 978-3-658-20663-5   ISBN 978-3-658-20664-2   (eBook)
https://doi.org/10.1007/978-3-658-20664-2

Die Deutsche Nationalbibliothek verzeichnet diese Publikation in der Deutschen Nationalbibliografie; detaillierte bibliografische Daten sind im Internet über http://dnb.d-nb.de abrufbar.

Gedruckt auf säurefreiem und chlorfrei gebleichtem Papier

Springer Vieweg ist Teil von Springer Nature
Die eingetragene Gesellschaft ist Springer Fachmedien Wiesbaden GmbH
Die Anschrift der Gesellschaft ist: Abraham-Lincoln-Str. 46, 65189 Wiesbaden, Germany

Was Sie in diesem *essential* finden können

- Eine Beschreibung der Wertschöpfungskette und der Herausforderungen bei der Überführung von Materialien in kommerzielle Produkte
- Eine Einführung eines holistischen Modells, das die Transformation vom Material zur Produktinnovation beschreibt
- Eine Diskussion anhand des Modells über Einflussmöglichkeiten entlang der Innovationskette für die erfolgreiche Materialüberführung in Produkte
- Eine ausführliche Beschreibung und Einordnung von ausgewählten Fallstudien, die das Model zur Beschreibung der Innovationskette untermauern

Inhaltsverzeichnis

Einleitung, Motivation und Zielsetzung 1

Der Weg von einer Entdeckung oder Erfindung als Ergebnis der Grundlagenforschung zu einem kommerziellen Produkt bzw. Prozess ist langwierig und führt nur in bestimmten Fällen und unter bestimmten Umständen tatsächlich zum (kommerziellen) Erfolg. Die Überführung von Grundlagenforschungsergebnissen in Produktinnovationen stellt somit einen komplizierten, sequenziellen Prozess dar, der auch *„Innovationskette"* genannt wird.

In einer einfachen Darstellung beinhaltet die Innovationskette typischerweise drei grundlegende Stadien (Abb. 1.1) [1, 2]: das erste Stadium *(Stadium 1)* bezieht sich auf die Grundlagenforschung. Im dritten Stadium *(Stadium 3)* werden die Kommerzialisierung und Marktausbreitung einer Produktinnovation betrachtet. Das zweite Stadium (Stadium 2) besteht aus dem Übergang von einer Erfindung oder Entdeckung, die im *Stadium 1* entstand, in eine potenziell kommerzielle Produktinnovation. Der Ablauf der Innovationskette wird in eine Richtung von *Stadium 1* zu *Stadium 3* angenommen [2].

Zahlreiche Studien, die sich mit der Betrachtung der Innovationskette beschäftigten, erkannten den unabdingbaren Bedarf an finanzieller Unterstützung der Grundlagenforschung, die die Basis des technologischen Fortschrittes auf Gesellschaftsebene darstellen [3]. Folglich wird die Grundlagenforschung primär mit öffentlichen finanziellen Mitteln unterstützt. Da der gesellschaftsrelevante Mehrwert dieser Investitionen jedoch nicht unmittelbar auf den Ergebnissen der Grundlagenforschung, sondern auf deren Übertragung in neue Produkte, Prozesse oder Dienstleistungen beruht, ist es von fundamentaler Bedeutung, mögliche Hürden, die den Ablauf der Innovationskette stören oder blockieren, zu identifizieren und zu analysieren sowie darüber hinaus Lösungen für deren Überwindung zu definieren. Es wurde in diesem Zusammenhang der Begriff „Valley of Death" (Tal des Todes, Todestal) etabliert, der bevorzugt im Stadium 2 der Innovationskette den Übergang von der Grundlagenforschung in Produktinnovationen verhindert [4, 5].

© Springer Fachmedien Wiesbaden GmbH 2018
S. Gramlich et al., *Vom Material zur Produktinnovation*, essentials,
https://doi.org/10.1007/978-3-658-20664-2_1

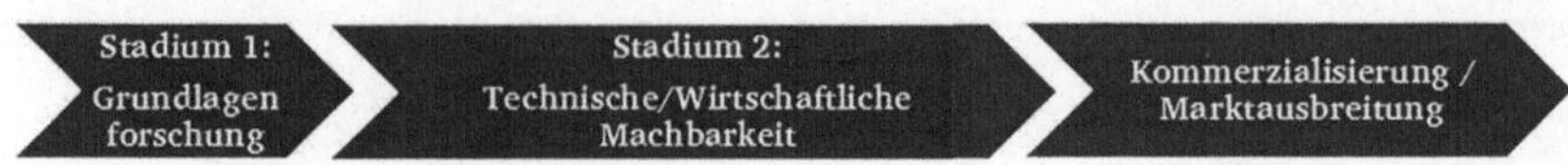

Abb. 1.1 Einfache Darstellung der Innovationskette. (Vereinfacht nach [2])

Die Zielsetzung der vorliegenden Studie ist es, Einflussmöglichkeiten und Faktoren für die erfolgreiche Transformation, d. h. Überführung, vom Material zur Produktinnovation zu identifizieren. Während bis in den 90er Jahre des letzten Jahrhunderts die Innovationspolitik ein lineares Modell berücksichtigt hat, das unmittelbare Zusammenhänge zwischen Grundlagenforschung, Fertigung, Produktentwicklung und Kommerzialisierung annahm, zeigen neue Entwicklungen der letzten zwei Jahrzehnte, dass die Innovationskette als ein nicht-linearer, interaktiver und systemischer Prozess zu sehen ist, der intensiver Kommunikation und Zusammenarbeit zwischen allen daran beteiligten Institutionen (Geldgeber, Grundlagenforschungsinstitutionen, KMUs, etc.) bedarf [5]. Die vorliegende Arbeit baut daher auf einer Analyse und Abbildung von Wertschöpfungs- und Innovationsketten auf. Auf Basis detaillierter Recherchen und Analysen von Fallstudien und wissenschaftlichen Publikationen werden zugrunde liegende „Mechanismen" identifiziert. Die erarbeiteten Ergebnisse und gewonnenen Erkenntnisse sind zudem in einem Modell zur integrierten Material-, Prozess- und Produktentwicklung aggregiert. Der Fokus dieser Projektarbeit des Profilbereichs liegt dabei auf technischen und technologischen Aspekten sowie deren Auswirkungen auf weitere Faktoren und Parameter.

Grundlagen 2

Die Zielsetzung dieser Studie überspannt mehrere Produktlebenslaufphasen und involviert damit auch unterschiedliche (wissenschaftliche) Disziplinen. Umso entscheidender ist es, bei dieser disziplinübergreifenden Themenstellung von einer einheitlichen und konsistenten Terminologie auszugehen. Im Folgenden sind daher zentrale Begriffe definiert und das dieser Arbeit zugrunde liegende Begriffsverständnis dargelegt und erläutert.

Material Material ist nach [6] definiert als „Stoff- oder Stoffgemisch, der oder das für die Herstellung von Produkten bestimmt ist".

Produkt Der Begriff Produkt orientiert sich an der Definition nach [7]. „Zu konstruierende technische Produkte werden als reale, körperliche, technische Systeme oder Bestandteile übergeordneter Systeme verstanden und beschrieben." Darüber hinaus muss berücksichtigt werden, dass Produkte meist ein mögliches Mittel sind um einen bestimmten Zweck zu erfüllen.

Innovation Für den Begriff der Innovation findet sich in der Literatur ein recht einheitliches Verständnis. Demnach wird unter Innovation die Entwicklung bzw. Generierung von etwas Neuem und dessen erfolgreiche Markteinführung bzw. marktfähige Umsetzung [8], also eine neue Zweck-Mittel Beziehung, zusammengefasst. Die Innovation setzt sich somit aus den Elementen Neuartigkeit/Invention sowie Marktfähigkeit und Marktakzeptanz zusammen. Die Neuartigkeit kann sich dabei auf den Zweck (neuer, bisher nicht betrachteter bzw. realisierter Zweck) als auch auf das Mittel in Form einer neuen Technologie oder eines neuen Produkts beziehen. Zur Marktfähigkeit bedarf es einer konkreten Nachfrage- und Bedürfnisbefriedigung [9] und einer damit verbundenen Nutzengenerierung im Einsatzprozess (Abb. 2.1).

© Springer Fachmedien Wiesbaden GmbH 2018
S. Gramlich et al., *Vom Material zur Produktinnovation*, essentials,
https://doi.org/10.1007/978-3-658-20664-2_2

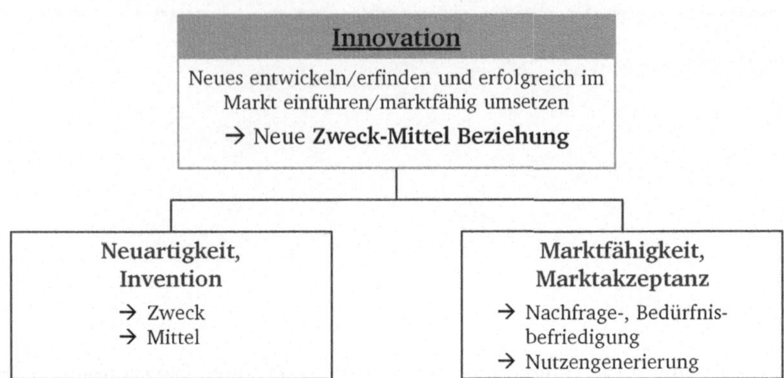

Abb. 2.1 Definition des Begriffes „Innovation"

Werkstoffe In Anlehnung an [10] sind Werkstoffe „jener Teil der Materie, die der Mensch zur Herstellung von Gütern aller Art benutzt, um seine Bedürfnisse zu befriedigen. Dazu gehören auch die Maschinen zu ihrer Herstellung. Zu den Werkstoffen zählen alle Stoffe für Bauteile in Maschinen, Geräten und Anlagen, ebenso das Material für die Werkzeuge zu ihrer Fertigung."

System Im Rahmen dieses Projekts wird sich für die Definition eines Systems an [11] orientiert. Danach ist ein System das Modell einer Ganzheit, die a) Beziehungen zwischen Attributen (Inputs, Outputs, Zuständen) etc. aufweist, die b) aus miteinander verknüpften Teilen bzw. Subsystemen besteht, und die c) von ihrer Umgebung bzw. von einem Subsystem abgegrenzt wird.

Prozess Ein (technischer) Prozess beschreibt nach [12] die „zweckdienliche Zustandsänderung eines Objekts in einem Zeitintervall, indem eine Menge von Objektzuständen in einer zeitlichen Abfolge betrachtet wird".

Fertigungsverfahren Fertigungsverfahren sind nach [7] „alle Verfahren zur Herstellung von geometrisch bestimmten festen Körpern; sie schließen die Verfahren zur Gewinnung erster Formen aus dem formlosen Zustand, zur Veränderung dieser Form sowie zur Veränderung der Stoffeigenschaften ein".

Wertschöpfungskette und Entwicklungsaktivitäten In der Literatur besteht ein sehr unterschiedliches Verständnis hinsichtlich der Bedeutung des Begriffes „Wertschöpfungskette". Im Rahmen dieses Projekts liegt der Fokus auf technischen

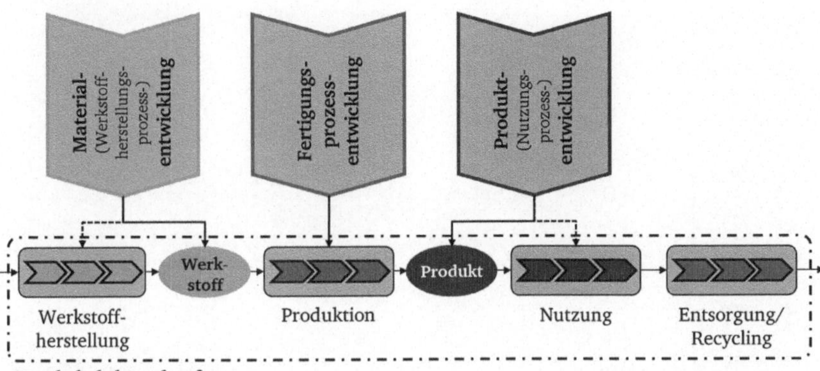

Abb. 2.2 Schematische Darstellung des Produktlebenslaufes und Wechselwirkungen mit Material-, Fertigungs- und Produktentwicklungsprozessen

Aspekten der Wertschöpfung. Insbesondere die Vorgänge im Material-, Fertigungs-, und Produktentwicklungsprozess, die Wechselwirkungen untereinander sowie deren Einfluss auf den Produktlebenslauf werden gesondert betrachtet (Abb. 2.2).

Grundlagenforschung und angewandte Forschung – ein Balanceakt   3

Die Frage „Was ist das richtige Verhältnis zwischen Grundlagenforschung und angewandter Forschung?" hat leider keine allgemein gültige Antwort. Um sich mit der Frage jedoch beschäftigen zu können, sollten die zwei in der Frage vorkommenden Begrifflichkeiten und deren Verknüpfung näher erläutert werden.

Grundlagenforschung wird als Forschung definiert, die ausgehend von der Neugier des Wissenschaftlers durchgeführt wird. Ihr Hauptzweck ist die Erweiterung der Erkenntnis und nicht (direkt) anwendungsbezogen. Beispielsweise definiert die Deutsche Forschungsgemeinschaft (DFG) Grundlagenforschung *„als ausschließliche Wissenserweiterung und Schaffung der Voraussetzungen neuer Erkenntnisse, vorwiegend im universitären Bereich, etlicher Akademien und innerhalb von Forschungsinstitutionen wie der Helmholtz-Gemeinschaft Deutscher Forschungszentren oder der Max Plank Gesellschaft"* [13]. Somit ist kein kommerzieller Mehrwert, der direkt von der Grundlagenforschung ausgeht, zu erwarten. Durch fehlende direkte Zusammenhänge zwischen der Grundlagenforschung und kommerziellen Produkten ist die Motivation der Finanzierung von Grundlagenforschung im privaten Sektor dementsprechend sehr eingeschränkt und somit ist die Förderung von Grundlagenforschung hauptsächlich Aufgabe der Gesellschaft (Förderung seitens des Staates/der Regierung, der öffentlichen Hand).

Angewandte Forschung hingegen wird eingesetzt, um eine spezifische Frage mit einer direkten Anwendung zu beantworten bzw. ein spezifisches praktisches Problem zu lösen. Auch hier sei die Definition von der DFG erwähnt:

> Angewandte Forschung richtet sich zielorientiert auf die Anwendung von Forschungsergebnissen auf bestimmte Bereiche der Technik, der wirtschaftlichen, sozialen und industriellen Entwicklung. Hier existieren feste Maßgaben für einzelne

© Springer Fachmedien Wiesbaden GmbH 2018
S. Gramlich et al., *Vom Material zur Produktinnovation*, essentials,
https://doi.org/10.1007/978-3-658-20664-2_3

Forschungsaufträge und ihre Umsetzung in der wirtschaftlichen und gesellschaftlichen Praxis. Dieser Forschungszweig erstreckt sich vornehmlich auf die Hochschulen, Institutionen der Wirtschaft und die deutschen Fraunhofer Gesellschaft. Darüber hinaus finden auf dem produktionsnahen Forschungssektor noch Prozesse der Forschung und Entwicklung statt, die sich direkt auf bestimmte Produkte und deren Entwicklung und Verwertung konzentrieren. Letzteres findet zumeist innerhalb eines Industriezweiges, wie beispielsweise der Pharmaindustrie oder der Elektroindustrie und mehr, oder sogar innerhalb der Unternehmensgrenzen, statt [13].

Wie in Abb. 3.1 dargestellt, sind die gezielte Verknüpfung und eine sinnvolle Balance zwischen Grundlagenforschung und angewandter Forschung für Innovationsprojekte von signifikanter Bedeutung. Die Grundlagenforschung liefert zum einen die Wissensbasis zur Lösung technischer Herausforderungen in Innovationsprojekten. Zum anderen lassen sich Innovationsprojekte durch neu gewonnene Erkenntnisse initiieren. Im Rahmen der Bearbeitung von Innovationsprojekten wird zudem immer wieder neuer Forschungsbedarf in Form von „Wissenslücken" bzw. „weißen Feldern" identifiziert. Gleichzeitig muss und wird in der Regel durch erfolgreich umgesetzte Innovationen die technische, wirtschaftliche, soziale und industrielle Relevanz der Grundlagenforschung aufgezeigt und nachgewiesen.

Da der gesellschaftliche Nutzen öffentlicher Forschungsinvestitionen nicht immer *zeitnah* nachvollziehbar ist, gab und gibt es Debatten, die den Sinn und die Definition der Finanzierung von Grundlagenforschung diskutieren [14–18]. Jedoch ist der Bedarf an Grundlagenforschung für Produktinnovation sowie

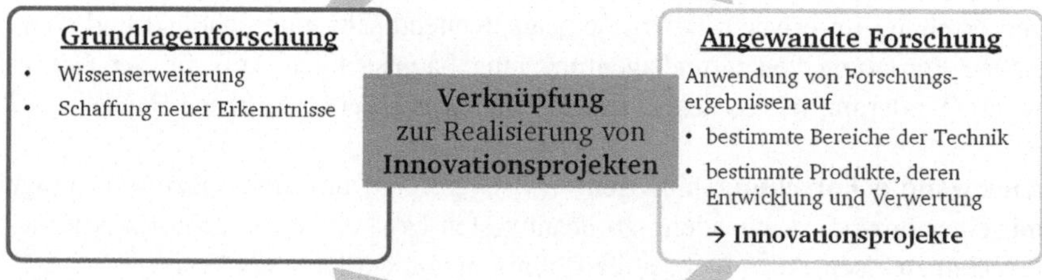

Abb. 3.1 Verknüpfung von Grundlagenforschung und angewandter Forschung

infolgedessen für die technologische Entwicklung einer Gesellschaft unumstritten und von ausschlaggebender Bedeutung.

Über den gesellschaftlichen Nutzen hinaus, der von Wirtschaftsexperten mittlerweile akzeptiert ist, sind weitere Aspekte eines positiven Einflusses der Grundlagenforschung auf die Gesellschaft zu erwähnen: Grundlagenforschung hilft sowohl der Gesellschaft als auch individuellen Unternehmern, i) hohes Potenzial durch hochkarätige wissenschaftliche Expertise zu gewährleisten und aufrechtzuerhalten, ii) zukunftsfähige Szenarien und Optionen hinsichtlich einer nachhaltigen Entwicklung zu identifizieren, iii) günstige Umstände zu wissenschaftlichen und gesellschaftlichen Durchbrüchen zu schaffen, iv) Bildung und Training auf höchstem Niveau zu ermöglichen, sowie v) Zugang zu und Verbreitung von Information zu gewährleisten [16].

Trotz des unumstrittenen Bedarfs an Grundlagenforschung (vor allem im akademischen Milieu), ist die allgemeine Tendenz moderner Universitäten sich mit individuell definierten Grundlagenforschung-angewandte Forschung-Verhältnissen zu profilieren und somit *keine* (oder kaum) reine, akademische, zweckentbundene Grundlagenforschung zu betreiben. Die Art und Weise, Grundlagenforschung an den Universitäten autonom und rein akademisch-orientiert (d. h. überhaupt nicht anwendungsbezogen) zu betreiben wurde bereits in den 90er Jahre des letzten Jahrhunderts als *Modus 1* der Wissenserweiterung bzw. der Schaffung von Erkenntnissen definiert und als nicht mehr zeitgemäß kritisch hinterfragt [19]. Statt dessen wurde *Modus 2* definiert und als moderner Umgang akademischer Institutionen mit Grundlagenforschung beschrieben [20], der beispielsweise Grundlagenforschung im Kontext gesellschaftsrelevanter anwendungsorientierter Fragestellungen betreibt und somit Grundlagenforschung und praktischen Nutzen kombiniert. Somit ist ein (richtiges) Verhältnis zwischen Grundlagenforschung und angewandter Forschung im *Modus 2* unabdingbar. Darüber hinaus berücksichtigt *Modus 2* kollaborative und interdisziplinäre Forschung, eine hohe gesellschaftliche Verantwortung sowie breit aufgestellte Kontrollmechanismen (über das fachliche „*peer-review*" hinaus). Diese Aspekte haben im *Modus 1* keinen sehr hohen Stellenwert [21]. In diesem Zusammenhang kann auch der Begriff „strategische Forschung" erwähnt werden (diese kombiniert reine akademische Expertise mit einer bewussten Ausrichtung zu zukünftigen praktischen Nützlichkeiten), der jedoch eine lineare Beziehung zwischen Grundlagenforschung und Anwendung impliziert [22]. Darüber hinaus wurde im letzten Jahrzehnt das Triple-Helix-Model zur Beschreibung von Beziehungen im Dreieck Universität-Industrie-Regierung vorgeschlagen und als fundamentale Grundlage zur Definition von Forschungsstrategien betrachtet [22].

Eine Betrachtung der Fragestellung, wie man eine Forschungsstrategie als akademische Institution definiert, ist nicht Bestandteil der vorliegenden Studie. Jedoch ist es wichtig zu erkennen, dass die Definition von strategischen Forschungszielen und Forschungsschwerpunkten eine fundamentale Voraussetzung darstellen, um einen erfolgreichen technologischen Transfer von der Grundlagenforschung in Produktinnovationen zu gewährleisten.

Kernmodell zur integrierten Material-, Prozess- und Produktentwicklung 4

4.1 Existierende Entwicklungsansätze

In der Literatur finden sich eine Reihe von Entwicklungsansätzen und Vorgehensmodellen, wobei diese im Speziellen für den Bereich der Produktentwicklung sehr ausdifferenziert und detailliert beschrieben sind. Hierbei zählen [2325] und auch [26, 27] sicherlich zu den etablierten Ansätzen. Sie fokussieren im Besonderen auf die Realisierung einer gewünschten Produktfunktion. Darüber hinaus wird in der Fachliteratur eine beachtliche Zahl sogenannter *Design for X*-Ansätze vorgestellt, die im Besonderen auf spezielle „nicht funktionsrelevante Forderungen" abzielen [28]. Das „*X*" dient dabei jeweilig als Platzhalter für eine spezielle Entwicklungszielsetzung, eine wesentliche Produkteigenschaft (z. B. Qualität, Kosten) oder eine Produktlebenslaufphase (z. B. Fertigung, Montage, Recycling). Damit wird bspw. im Fall des *Design for Manufacture* (DfM) und des *Design for Assembly* (DfA) ein direkter Bezug der Entwicklung zu Fertigungs- bzw. Montageprozessen hergestellt. Mit DfM und DfA soll u. a. die Herstellbarkeit bei der Erarbeitung des Lösungsentwurfs sichergestellt werden. Beide DfX-Ansätze setzen dabei in einem fortgeschrittenen Stadium des Entwicklungsprozesses an [29].

Das Modell der ganzheitlichen Produkt- und Prozessentwicklung (GPPE) berücksichtigt die Tatsache, dass technische Produkte in den einzelnen Lebenslaufphasen an einer Vielzahl unterschiedlicher technischer Prozesse beteiligt sind. Das Modell sieht daher vor, neben der Produktfunktion die technischen Prozesse des Produktlebenslaufs in die Arbeitsschritte der Produktentwicklung zu integrieren und verknüpft daher die Prozesskette der Produktentwicklung mit der Prozesskette des Produktlebenslaufs [30–34]. Mit den konstruktiven Entscheidungen und Festlegungen bei der Entwicklung eines Produkts sind stets auch direkt Beeinflussungen der technischen Prozesse verbunden, was wiederum systematisch in der Lösungsfindung zu berücksichtigen ist. Das GPPE-Modell sieht als

© Springer Fachmedien Wiesbaden GmbH 2018
S. Gramlich et al., *Vom Material zur Produktinnovation*, essentials,
https://doi.org/10.1007/978-3-658-20664-2_4

zentrales Element ein Antizipieren der technischen Prozesse des Produktlebenslaufs vor [30–34].

Auf diesen Kerngedanken aufbauend wird in [29] und [35] eine fertigungsprozessintegrierte Entwicklungsmethodik vorgeschlagen. Diese ist ersucht, die Potenziale von Fertigungstechnologien systematisch bereits in den frühen Phasen des Entwicklungsprozesses zu berücksichtigen und durch eine integrierte Produkt-Prozessentwicklung (Fertigungs- und Nutzungsprozessentwicklung) umfassend zu erschließen. Zudem wird dabei neben *Market-Pull* initiierten Projekten gleichermaßen ein *Technology-Push* unterstützt.

Weitere ganzheitliche und/oder integrierte Entwicklungsmethoden fokussieren ebenso, wenn auch verschieden ausgeführt, auf den Kerngedanken einer konsequenten Betrachtung und Einbeziehung des gesamten Produktlebenszyklus [36] und einem ganzheitlichen Verständnis und Handeln [37].

Als Ergebnis der Recherchen zu vorhandenen und etablierten Entwicklungsansätzen ist festzuhalten, dass gerade „neuere" Ansätze die Notwendigkeit einer ganzheitlichen Sichtweise betonen und eine integrierte und durchgängige Produkt- und Prozessentwicklung vorsehen. Die „Reichweite" dieser ganzheitlichen Sichtweise und der Umfang der integrierten Prozesse bzw. Produktlebenslaufphasen fallen dabei aber ebenso heterogen aus, wie der Grad der Operationalisierung [35].

4.2   Modellbeschreibung

Die Ausführungen in der Literatur (und auch die untersuchten Fallstudien in Kap. 4) weisen darauf hin, dass eine produkt- und prozessintegrierte Entwicklungsstrategie die Chancen auf eine erfolgreiche Innovationsentwicklung erhöhen kann. Das hier vorgestellte Modell einer integrierten Material-, Prozess- und Produktentwicklung (Abb. 4.1) erweitert den Integrationsgedanken und bezieht sowohl die Material-und Werkstoffherstellung, als auch die Fertigung sowie die Produktnutzung mit ein und implementiert die Integration durchgängig in die Phasen der Projektinitiierung, der Projektdefinition sowie der Lösungsgenerierung, -verifikation und -validierung.

4.2.1   Projektinitiierung

Ausgangspunkt für integrierte Material-, Prozess- und Produktentwicklungen sind Material-, Prozess-, und/oder Produktideen, die sowohl *Push-* als auch *Pull*-initiiert sein können. Die Projektinitiierung bestimmt dabei maßgeblich den

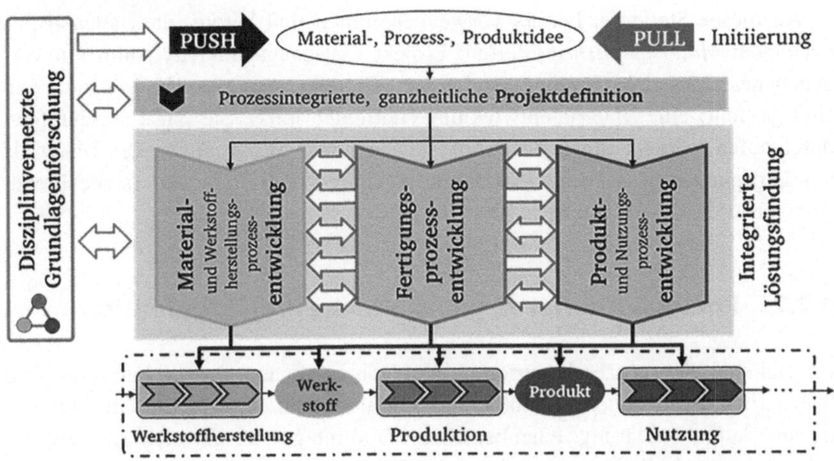

Abb. 4.1 Modell der integrierten Material-, Prozess- und Produktentwicklung

Charakter des Projekts. Wesentliche Randbedingungen werden hier gesetzt und erste zentrale Anforderungen (zumindest inhaltlich) priorisiert.

Bei einer *Pull*-Initiierung („von rechts im Produktlebenslauf kommend") ist

a) der Produktzweck, die Produktfunktion bzw. das Kundenproblem als auch das Marktsegment gegeben und ein Mittel in Form einer Einsatztechnologie und eines Produkts samt Fertigungsprozesskette und geeigneten Werkstoffen gesucht *(Pull*-Initiierung aus der Nutzungsphase heraus, *Market-Pull)* oder
b) eine Fertigungstechnologie (und Produktanwendung) gegeben und ein ggf. neuer oder angepasster Werkstoff gesucht.

Bei einer *Push*-Initiierung („von links im Produktlebenslauf kommend") sind

a) ein konkreter Werkstoff gegeben und geeignete Fertigungstechnologien sowie konkrete Produkte und Produktanwendungen gesucht,
b) konkrete Fertigungstechnologien gegeben und Produktanwendungen gesucht, die mit dieser Fertigungstechnologie realisiert werden können oder
c) Einsatztechnologien gegeben und neue Produktanwendungen gesucht, bei denen diese Technologie vorteilhaft eingesetzt und umgesetzt werden kann.

Hierbei ist bedeutsam, dass beide Arten der Initiierung auftreten können, wenngleich eine eindeutige Zuordnung nicht immer möglich ist und Überlappungen auftreten.

An dieser Stelle sei bereits vorweggenommen und betont, dass auch bspw. bei einem *Material-Push*-initiiertem Projekt (Ausgangspunkt ist somit ein vorgegebenes Material; Fertigungsprozesse, Produkt und Produktanwendungen sind gesucht) eine Materialentwicklung stattfinden muss. Sie muss verknüpfend durchlaufen werden, um bspw. Anpassungen und Abstimmungen des Materials auf Fertigungsprozess- und Produktentwicklung zu ermöglichen (siehe hierzu beispielsweise die Fallstudie in Abschn. 5.1).

4.2.2 Prozessintegrierte, ganzheitliche Projektdefinition

Im Rahmen der prozessintegrierten und ganzheitlichen Projektdefinition sind frühzeitig alle relevanten Produktlebenslaufphasen und deren technische Prozesse in die Aufgabenklärung einzubeziehen. Die integrierte Entwicklungsaufgabe ist zudem durch die Ermittlung von Anforderungen mit Material-, Prozess- und Produktbezug umfassend zu präzisieren. Eine sauber geklärte und präzisierte Entwicklungsaufgabe ist grundlegende Voraussetzung und zugleich die Basis für einen erfolgreichen Entwicklungsprojektabschluss. Versäumnisse in diesem Arbeitsschritt fallen häufig erst spät auf und resultieren in erheblichem Änderungsaufwand und Iterationen. Viele weitere Hürden in der Innovationskette, speziell mit nicht-technischem Charakter, die gerade in späten Phasen zutage kommen, lassen sich im Nachhinein auf eine unzureichend geklärte und präzisierte Entwicklungsaufgabe zurückführen. Gerade auch solche nicht-technischen aber am Ende für den Erfolg mitentscheidenden Aspekte sind in Form von Anforderungen frühzeitig im Entwicklungsprojekt zu berücksichtigen.

Zudem sind bereits zum Zeitpunkt der Projektdefinition gezielt und bewusst Entwicklungsschwerpunkte zu definieren. Hierzu ist zu prüfen und zu antizipieren, inwieweit spezielle Material-, Prozess- und Produktmerkmale eine besondere Bedeutung für den späteren Erfolg besitzen und welche Merkmale eine besondere technische Aufmerksamkeit erfordern, da bspw. ihre Realisierung als besonders schwierig einzuschätzen ist (siehe hierzu auch die Fallstudie Entwicklung selbstausdehnender Stents auf Nitinolbasis in Abschn. 5.6).

Als weiterer wichtiger Aspekt ist die Wahl des richtigen Abstraktionsgrads der Entwicklungsaufgabe zu nennen. Diese in der Literatur [34, 36] mehrfach thematisierte Fragestellung ist besonders erfolgsentscheidend für die Marktfähigkeit und -akzeptanz von Produktinnovationen. Bei einem falsch gewählten Abstraktionsgrad besteht große Gefahr, dass das spätere Produkt zwar eine technisch sehr gute Lösung für die definierte Aufgabenstellung darstellt, aber durch ein Konkurrenzprodukt oder eine Konkurrenztechnologie substituiert wird, das bzw.

die marktseitige Problemstellung auf einer höheren Abstraktionsstufe angeht und löst (siehe hierzu das Beispiel des Bioglass-basierten Produktes MEP®, das im Abschn. 5.2 diskutiert wird).

4.2.3 Lösungsfindung einer integrierten Material-, Prozess- und Produktentwicklung

Um die Erfolgschancen für Innovationsprojekte zu maximieren, sind die Material-, Fertigungsprozess- und Produktentwicklung bei der Lösungsfindung und -generierung systematisch zu verknüpfen, aufeinander abzustimmen und damit in einen gemeinsamen, gekoppelten Entwicklungsprozess zu integrieren. Die sich daraus ergebenden Potenziale lassen sich anhand einer Darstellung des betrachteten Lösungsraums erläutern (Abb. 4.2).

Der Lösungsraum (auch Lösungsfeld genannt) umfasst „alle" denkbaren bzw. möglichen Lösungen für eine Aufgabenstellung in unterschiedlich abstrakter bzw. konkreter Beschreibung bzw. Modellierung. Die für den Lösungsraum verwendete Dreieck- bzw. Pyramidendarstellung wird dem zunehmenden Konkretisierungsgrad der Lösungsmodellierung im Lösungsfindungsprozess und der damit einhergehenden zunehmenden Lösungsfeldbreite gerecht. In der Literatur wird davon ausgegangen, dass eine „vollständige" Betrachtung des Lösungsraumes systematisch innovative Lösungen einschließt [38].

Bei einem „isolierten", sequenziellen Vorgehen von Material-, Prozess und Produktentwicklung ist das disziplinspezifische Ergebnis (die jeweilige Lösung) Ausgangspunkt für die folgende disziplinspezifische Entwicklung (Abb. 4.3).

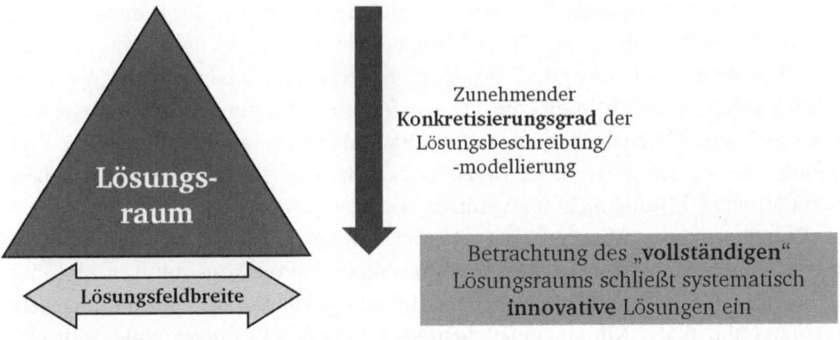

Abb. 4.2 Lösungsraum. (In Anlehnung an [38])

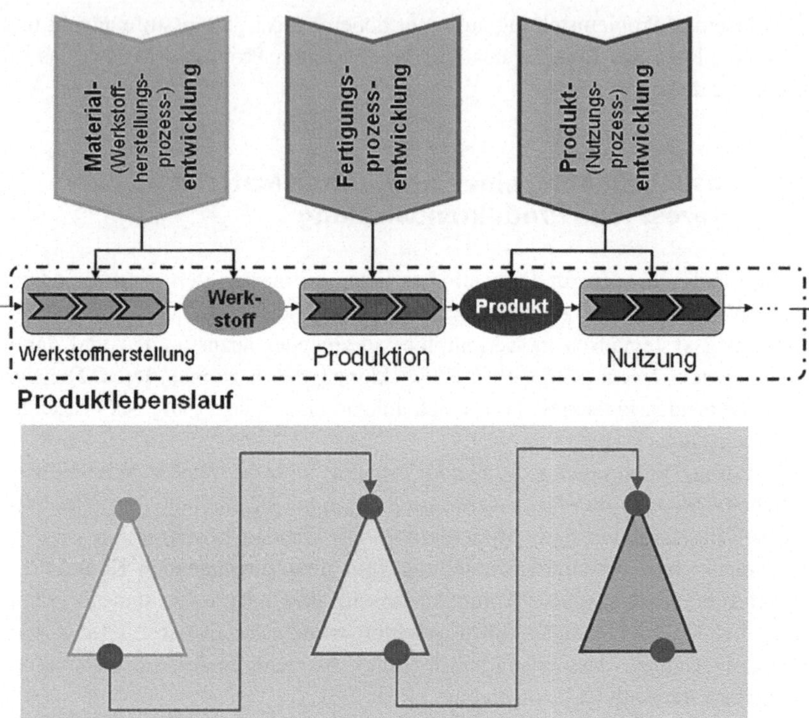

Abb. 4.3 „Isoliertes", sequenzielles Vorgehen bei der Lösungsfindung

Zum einen besteht dadurch die Gefahr, dass „*Killer-Kriterien*" das Projekt in einem fortgeschrittenen Stadium zum Scheitern bringen. Zum anderen zeigt Abb. 4.4a die Einschränkungen im Gesamtlösungsraum. Es ist davon auszugehen, dass womöglich sehr gute Lösungen im Bereich der Material- und Werkstoffentwicklung erzielt werden, die aber dafür die Fertigungsprozessentwicklung vor erhebliche Herausforderungen stellt oder Abstriche bei der Nutzung in Kauf genommen werden müssen. Im Ergebnis lässt sich so das Finden einer ganzheitlich optimalen Lösung nicht unterstützen oder gar gewährleisten.

Demgegenüber verbreitert eine integrierte Material-, Prozess- und Produktlösungsfindung den einbezogenen Lösungsraum, indem die konstruktiven Möglichkeiten und Stellhebel aus allen drei Disziplinen gebündelt und gezielt eingesetzt werden (Abb. 4.4b). Mit einem solchen Ansatz können Lösungen entwickelt werden, die bezogen auf die komplette Wertschöpfung „optimal" eingestuft werden

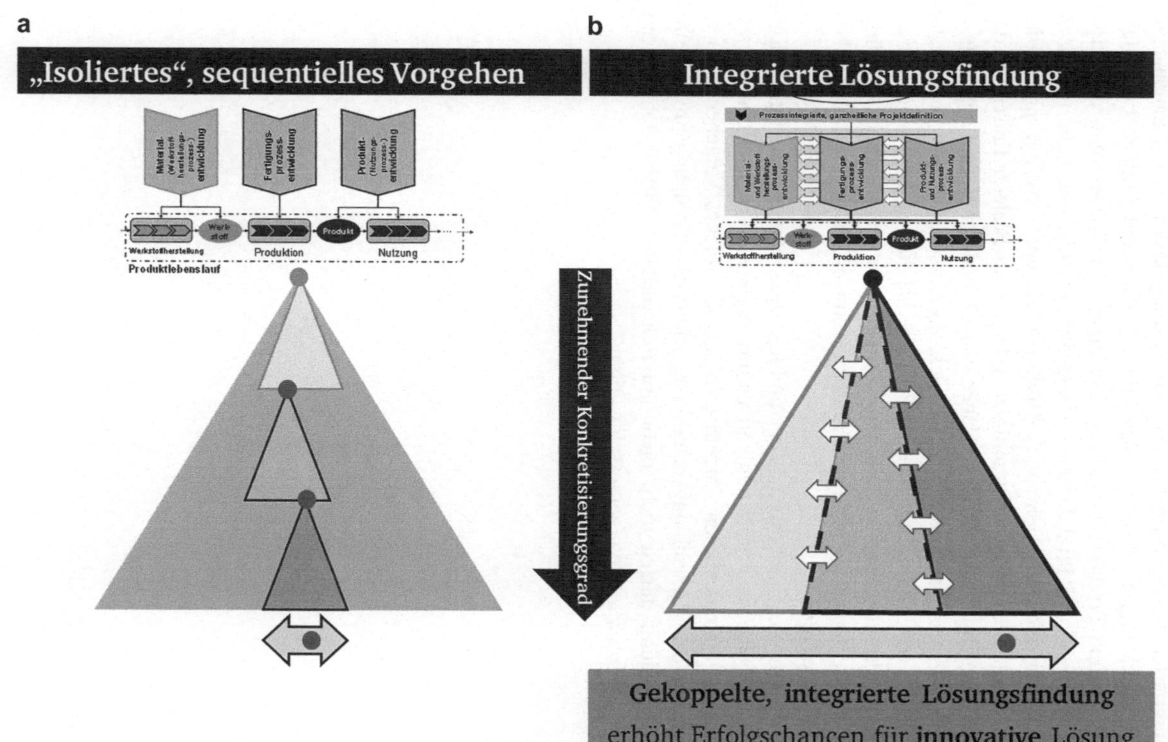

Abb. 4.4 Gegenüberstellung der Vorgehensweisen. (Lösungsraumbetrachtung)

können und damit den größten Nutzen für die Stakeholder vorweisen. Mittels dieser integrierten und gekoppelten Lösungsfindung lassen sich „gemeinsam", d. h. durch Bündelung der konstruktiven Möglichkeiten und Stellhebel der Material-, Prozess- und Produktentwicklung, Lösungen zur Realisierung derjenigen Material-, Prozess- und Produktmerkmale generieren, die eine hohe technische Aufmerksamkeit erfordern (siehe auch Abschn. 4.2.2) und sonst ggf. als *„Killer-Kriterien"* zum Scheitern bzw. vorzeitigen Abbruch des Projekts führen würden. Bei der Lösungsfindung selbst ist es daher von besonderer Bedeutung, stets zu antizipieren, welche Auswirkungen Entwicklungsentscheidungen und Festlegungen auf die vor- und nachgelagerten Prozesse haben und damit auch für das weitere Entwicklungsvorhaben. Nur so können auch ganzheitlich tragfähige Lösungen für technisch schwierige Problemstellungen gefunden und Zielkonflikte aufgelöst werden.

Eine wie hier beschriebene Lösungsfindung setzt voraus, den Integrationsgedanken auf technischer, kommunikativer und organisatorischer Ebene zu verankern und zu implementieren. Zudem erfordert ein solches Vorgehen auch ein Umdenken bei den Entwicklungsbeteiligten: Material-, Fertigungsprozess- und Produktentwicklung dürfen nicht mehr am *individuellen Output* sondern ausschließlich am *Gesamtoutput* gemessen werden.

Beschreibung und Einordnung ausgewählter Fallstudien

5

5.1 Al-basierte Komponenten für tragbare bedruckte Elektronikanwendungen

Die grundlegende Idee des vorliegenden Falls befasste sich mit der Entwicklung einer elektrisch sehr gut leitfähigen, bedruckbaren Materialformulierung („Drucktinte"), die auf flexible Substrate aufgebracht werden kann. Somit können günstig herstellbare Komponenten für tragbare, flexible bedruckte Elektronikanwendungen zugänglich gemacht werden. Die Hauptfragestellung war, eine Alternative für die sehr gut elektrisch leitfähigen, jedoch sehr teuren Materiallösungen, die auf Au-, Ag- oder Cu-Kolloidsysteme basieren, zu entwickeln. Hierzu wurde eine sogenannte Kosten-Nutzen-Analyse (*Cost Effectiveness Analysis,* CEA) durchgeführt, die eine Einordnung von Alternativmaterialien nach dem Kosten-Nutzen-Verhältnis (*Cost Effectiveness,* CE), d. h. hier $CE = [elektrische$ *Leitfähigkeit]/[Preis]*, erlaubte. Somit konnte Aluminium als vielversprechendes Alternativmaterial zu den vorhandenen, auf Au, Ag oder Cu basierenden Materialien identifiziert werden. Da Aluminium-basierte Kolloidsysteme jedoch sehr empfindlich gegenüber Oxidation sind (für Kolloide mit Al-Nanopartikeln die Oxidation von Al zu Al_2O_3 ist stark exotherm, z. B. $-3167\,kJ/mol$ bei 20 °C), weist dieses Systems einen ausschlaggebend kritischen Nachteil gegenüber Au-/Ag-/Cu-basierter Systeme. Hierzu sollte ein Precursor-System (System von Ausgangsstoffen der chemischen Reaktion) entwickelt werden, das folgende Voraussetzungen erfüllen musste: i) Al-Precursor sollte in Form einer stabilen Lösung oder Suspension vorhanden sein; ii) die Umwandlung des Precursor zu metallischem Aluminium sollte unter möglichst milden Bedingungen erfolgen (idealerweise bei Raumtemperatur). Die Materiallösung, die berücksichtigt wurde, beruht auf einer chemischen Reaktion zwischen Aluminiumtrichlorid ($AlCl_3$) und Lithiumaluminiumhydrid ($LiAlH_4$), unter Bildung von Aluminiumhydrid, das sich in

© Springer Fachmedien Wiesbaden GmbH 2018

S. Gramlich et al., *Vom Material zur Produktinnovation,* essentials,

https://doi.org/10.1007/978-3-658-20664-2_5

einem darauffolgenden Schritt zu Aluminium und gasförmigem H_2 zersetzt. Die Reaktion erfolgt in einem organischen Lösungsmittel und wurde bereits 1947 in *J. Am. Chem. Soc.* erwähnt [39]. In den 1970er Jahren wurde in *Inorg. Synth.* über die Synthese von Ether-Addukten des Aluminiumhydrids berichtet [40]. Beide Veröffentlichungen wurden bei der Entwicklung der Al-Precursor-basierten Materiallösung im vorliegenden Fall berücksichtigt. Auch eine später erschienene Veröffentlichung, die die Zersetzung von Aluminiumhydrid-Etheraten beschrieb [41], stellte eine wichtige Grundlagenbasis für die Entwicklung des Al-basierten Precursors dar. Basierend darauf wurde ein auf Aluminiumhydrid-Etherat basierendes Materialsystem sowie *zeitgleich* eine Applikations- und Umwandlungsmethode entwickelt, siehe Abb. 5.1 [42].

Die Zersetzungstemperatur des Aluminiumhydrids (ca. 165 °C), konnte durch den Einsatz eines Katalysators auf Temperaturen unter 150 °C herabgesetzt werden [43]. Dies konnte weiter optimiert werden, sodass die Abscheidung von metallischem Aluminium aus Aluminiumhydrid-Etherat-Lösungen bei Raumtemperatur durchgeführt werden konnte [44]. Die Herabsetzung der Zersetzungstemperatur des Aluminiumhydrid-Etherats in Lösung ermöglichte den Fertigungsprozess der Al-Komponenten (wie z. B. Leiterbahnen, etc.) auf weitere Klassen von Substraten wie z. B. Papier oder Textilien einzusetzen [44] (Abb. 5.2).

Jedoch musste in diesem Zusammenhang die Problematik der Langzeitstabilität der Precursor-Lösung adressiert werden. Dies wurde gelöst, indem man das Aluminiumhydrid-Etherat in ein festes, jedoch lösliches Aluminiumhydrid-Amino-Komplex überführen konnte, das sich (bei niedrigen Temperaturen) als langzeitstabil und lagerfähig erwies [45] (Abb. 5.3).

Die weitere Entwicklung betraf das Scaling-Up der Precursor-Synthese, wo beispielsweise auftretende Probleme mit Temperaturgradienten in den Reaktionsgefäßen gelöst werden mussten. Darüber hinaus wurde ein kontinuierlicher Beschichtungsprozess entwickelt. Hierzu wurde eine Schlitzdüsen-Beschichtungs-Vorrichtung entworfen und an das System angepasst. Die vielversprechende Entwicklung der Al-basierten druckbaren Strukturen wird seit 2015 mithilfe eines Start-ups (ALINK) vermarktet. Anvisierte Produkte in diesem Zusammenhang sind Beschichtungen von „Touch-Pens", (selbst)beheizbare Kleidung oder Elektroden für Textil-basierte Batterien und tragbare Elektronik [46].

Erkenntnisse und Schlussfolgerungen Diese Fallstudie zeigt auf beeindruckende Art und Weise, dass das Vorhandensein einer soliden Wissensbasis (d. h. Ergebnisse und Erkenntnisse aus der Grundlagenforschung) eine fundamentale Voraussetzung für eine erfolgreiche und lückenlose Gewährleistung der Innovationskette

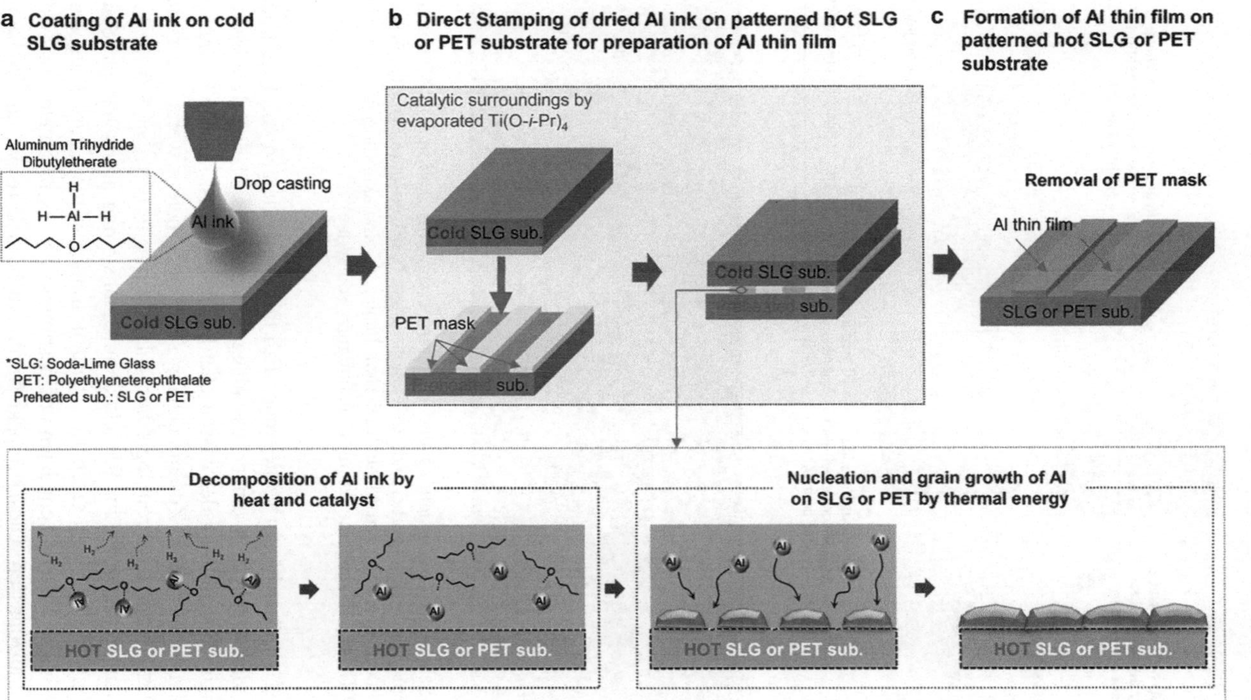

Abb. 5.1 Schematische Darstellung des Lösung-Prägeverfahrens, das mit einem auf Aluminiumhydrid-Etherat basierenden Precursoransatz entwickelt wurde [42]. (Nachgedruckt mit Genehmigung von Wiley)

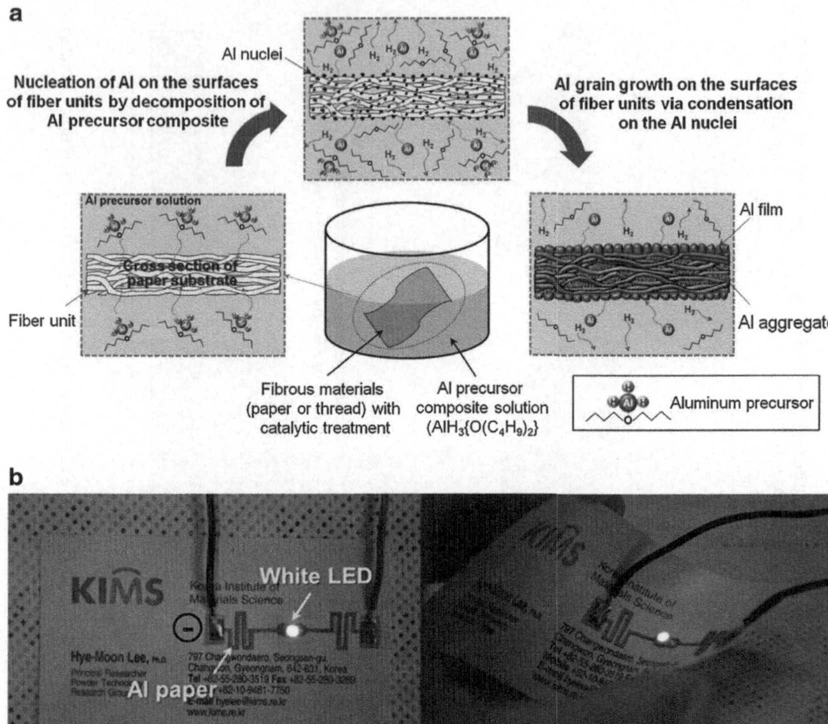

Abb. 5.2 a Schematische Darstellung der Raumtemperatur-Applikation von Aluminium auf mit einem Katalysator vorbehandelte Papier- oder Textilsubstrate; **b** Erfolgreiche Demonstration des Einsatzes von Al-modifiziertem Papier als Kontaktierung für die Bedienung einer LED [44]. (Nachgedruckt mit Genehmigung von Wiley)

darstellt. Dies ermöglichte im vorliegenden Fall feine Justierungen von Reaktionsparametern, die letztendlich einen ausschlaggebenden Effekt beispielsweise auf die erfolgreiche Überführung der wissenschaftlichen Ergebnisse in die Produktinnovation zeigten. In diesem Zusammenhang sollte auch betont werden, dass die Innovationskette nicht als chronologischer Ablauf vorher festgelegter Schritte von der Materialentwicklung bis zur Produktkommerzialisierung anzusehen ist. Stattdessen sollten Möglichkeiten erschaffen werden, immer wieder „zurückzugehen" und beispielsweise Materialkenndaten auf bestimmte Prozessparameter und -voraussetzungen anzupassen. Dieser Aspekt wurde auf besondere Art und Weise im vorliegenden Fall beachtet (siehe hierzu Diskussion im Abschn. 4.2.3). Auch sollte

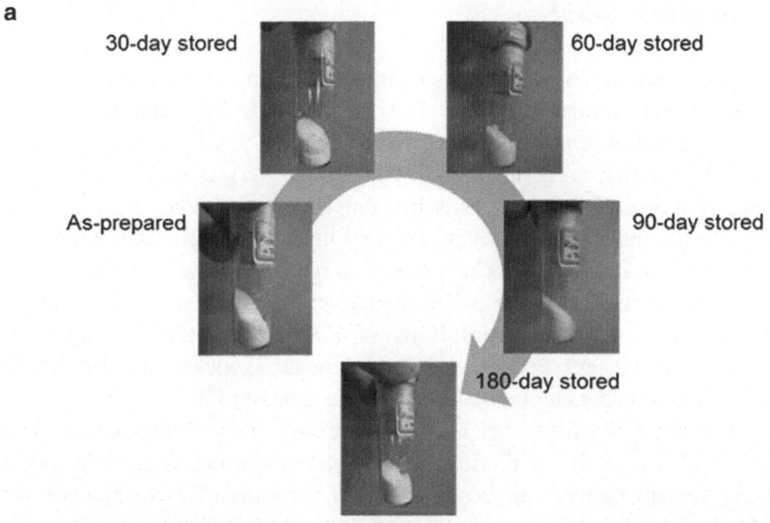

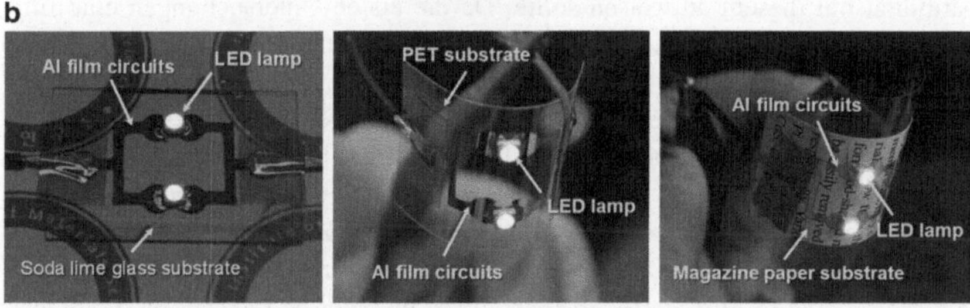

Abb. 5.3   a Demonstration der Langzeitstabilität von Aluminiumhydrid-Trimethylamino-Addukt (AlH$_3$ · N(CH$_3$)$_3$), das als Precursor für die Herstellung von Al-basierter Leiterstrukturen eingesetzt wird; **b** Demonstration des Einsatzes von Al-basierten Leiterstrukturen auf unterschiedlichen Substraten (*links* Glassubstrat, in der Mitte PET-Substrat, *rechts* Papiersubstrat). (Nachgedruckt aus [45] mit Genehmigung; © 2014 American Chemical Society)

die Motivation des in der vorliegenden Studie beschriebenen Projektes betont werden: das Projekt beschäftigte sich mit der Entwicklung von Komponenten für druckbare und tragbare Elektronikanwendungen basierend auf einem Material, das, abgesehen von klaren prozess- und anwendungsspezifischen Voraussetzungen, auch wirtschaftlichen Kriterien (wie dem Kosten-Nutzen-Verhältnis) entsprechen sollte. Diese Aspekte wurden von Anfang an (d. h. schon bei der Wahl potenzieller Materialien) ganzheitlich berücksichtigt.

5.2   Bioglass®45S5

Bioglass®45S5 gehört einer Klasse silikatischer bioaktiver Gläser an, die in den 1970er Jahren entdeckt wurden. Die grundlegende Idee und der Hauptzweck bezogen sich darauf, das Bioglass®45S5 in Form von Beschichtungen auf bioinerten Werkstoffen (z. B. metallischen Implantat-Werkstoffen) aufzubringen und damit eine feste Verbindung zwischen umgebendem biologischem Gewebe und dem Metallimplantat herzustellen. Darüber hinaus kann Bioglass®45S5 eingesetzt werden, um defektes Knochengewebe zu reparieren oder zu ersetzen. Die erste Publikation zur Bindung von Knochengewebe zu Bioglass®45S5 erschien 1971 [47]. Seit ca. 30 Jahren wird Bioglass®45S5 in der Medizin eingesetzt. Somit wurden einige auf Bioglass®45S5 basierende Produkte auf den Markt gebracht, wie in Abb. 5.4 chronologisch zusammengefasst [48].

Die grundlegende Idee bei der Entdeckung und Entwicklung von Bioglass®45S5 (University of Florida, College of Engineering, Gainsville, USA; Prof. L. L. Hench) basierte auf der Suche nach geeigneten Beschichtungen für Metall-Implantate, die eine feste Verbindung mit lebendem Gewebe sowie Kompatibilität mit diesem aufweisen sollte. Da die ersten Untersuchungen eine Entwicklung zwecks Verbesserung von Knochenimplantaten anvisierten, wurde nach einer Materiallösung gesucht, die mit Knochengewebe eine feste Verbindung eingeht und nicht vom umgebenden weichen Gewebe abgestoßen wird.

Die Forschungshypothese der 1969 begonnenen Arbeiten lautete: „*The human body rejects metallic and synthetic polymeric materials by forming scar tissue because living tissues are not composed of such materials. Bone contains a hydrated calcium phosphate component, hydroxyapatite [HA] and therefore if a material is able to form a HA layer in vivo it may not be rejected by the body.*" In diesem Zusammenhang wurde eine Silikatglas-basierte Formulierung, die großen Mengen an CaO und P_2O_5 aufwies, synthetisiert und auf Bioaktivität hin untersucht. Die Massenanteile der in Bioglass®45S5 enthaltenen Komponenten betragen 45 % SiO_2, 24,5 % Na_2O, 24,5 % CaO und 6 % P_2O_5 (Abb. 5.5). Interessanterweise ist die Zusammensetzung des Bioglass®45S5 vergleichbar mit der eines pseudoternären SiO_2-Na_2O-CaO Eutektikum, somit ist die Herstellung des Bioglass®45S5 vereinfacht [49].

Wichtig in diesem Zusammenhang war, dass die hergestellten Gläser zeitnah auf Bioaktivität hin untersucht wurden. Hierzu wurden von Anfang an *in vivo*-Experimente am Florida Veterans Administration Hospital (Gainsville, USA) berücksichtigt, die den Einsatz der bioaktiven Materialien als Implantate in Oberschenkelknochen bei Ratten untersuchen sollten. Überraschenderweise waren die Ergebnisse hinsichtlich der Verbindung der Glasimplantate an Knochengewebe

Milestones of science and clinical product development of 45S5 Bioglass.

1971	First publication of bonding of bone to bioactive glasses and glass-ceramics
1981	Discovery of soft connective tissue bonding to 45S5 Bioglass
1981	Toxicology and biocompatibility studies (16 in vitro and in vivo) published to establish safety for FDA clearance of bioglass products
1985	First medical product (Bioglass Ossicular Reconstruction Prosthesis) (MEP) cleared by FDA via the 510 (k) process
1987	Discovery of osteostimulation in use of Bioglass particulate in regeneration of bone
1988	Bioglass Endosseous Ridge Maintenance Implant (ERMI) cleared by FDA via the 510 (k) process
1991	Development of sol–gel processing method for making bioactive gel-glasses extending the bioactive compositional range of bioactivity
1993	Bioglass particulate for use in bone grafting to restore bone loss from periodontal disease in infrabony defects (PerioGlas) cleared by FDA via the 510 (k) process
1996	Use of PerioGlas for bone grafts in tooth extraction sites and alveolar ridge augmentation cleared by FDA via the 510 (k) process
2000	FDA clearance for use of NovaBone in general orthopedic bone grafting in non-load bearing sites
2000	Quantitative comparison of rate of trabecular bone formation in presence of Bioglass granules versus synthetic HA and A/W glass-ceramic
2000	Analysis of use of 45S5 Bioglass ionic dissolution products to control osteoblast cell cycles
2001	Gene expression profiling of 45S5 Bioglass ionic dissolution products to enhance osteogenesis
2004	FDA clearance of 45S5 particulate for use in dentinal hypersensitivity treatment (NovaMin)

Abb. 5.4 Meilensteine der Entwicklung von Bioglass®45S5 und darauf basierende kommerzielle Produkte (*rot unterstrichen*) [48]. (Nachgedruckt mit Genehmigung von Elsevier) (Online Farbig)

exzellent. Der Arzt, der für die *in vivo*-Experimente zuständig war, untersuchte die Implantate nach sechs Wochen und stellte fest: „*These ceramic implants will not come out of the bone. They are bonded in place. I can push on them, I can shove them, I can hit them and they do not move. The controls easily slide out*" [50]. Darüber hinaus durchgeführte *in vitro* Untersuchungen zeigten, dass die eingesetzten Glasmaterialien relativ schnell eine Hydroxyapatit-Schicht auf der Oberfläche gebildet hatten, die sehr fest an Kollagen-Fibrillen, die von Osteoblasten an den Grenzflächen zwischen Glas und Knochengewebe generiert wurden, angebunden waren. Dies erklärte die feste Anbindung des Implantat-Glasmaterials an

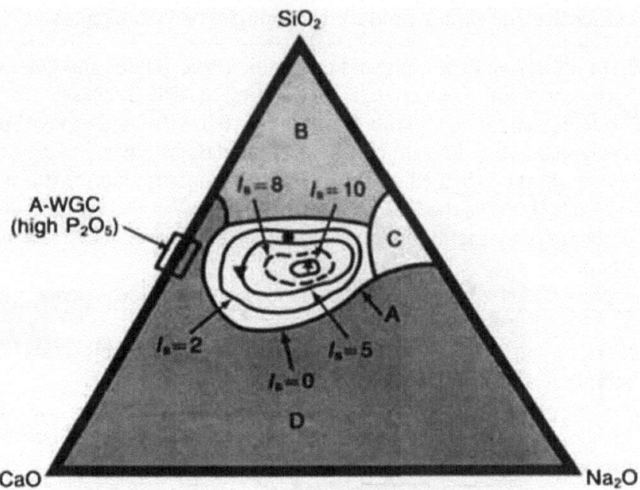

Abb. 5.5 Zusammensetzungen der anfänglich auf Bioaktivität hin untersuchten Silikatgläser [49]. (Nachgedruckt mit Genehmigung von Wiley)

das Knochengewebe und deutete auf ein großartiges Anwendungspotenzial dieser Materialien in osteoplastischen Anwendungen (*bone repair,* Knochenreparatur, Knochenwiederherstellung, -heilung) [47]. Kurze Zeit später zeigten Untersuchungen, dass Bioglass®45S5 nicht nur an Knochen fest anbindet, sondern auch an Weichgewebe. Diese Untersuchungen wurden im Rahmen eines von US Army Medical R and D Command finanzierten Projektes, das zwischen 1969 und 1971 lief, durchgeführt. Aufgrund der exzellenten Ergebnisse wurden diese Arbeiten von US Army Medical R and D Command weitere zehn Jahre finanziert, um die Bindungsmechanismen des Bioglass and Gewebe aufzuklären. Ausschlaggebend war hierzu, dass schon im anfänglichen Stadium des Projektes eine interdisziplinäre Vorgehensweise unter Einbeziehung von Materialwissenschaftlern, orthopädischen Chirurgen, Zahnärzten sowie Biomechanik-Experten und Biologen angestrebt wurde [49, 51, 52].

Das erste auf Bioglass®45S5 basierende Produkt, das 1985 auf den Markt kam, hatte den Namen „*Bioglass® Ossicular Reconstruction Prosthesis*" und wurde unter dem Markennamen MEP® (*middle ear prosthesis*) kommerzialisiert. Später wurde das MEP-Design verbessert und als Produkt unter dem Namen Douek MED (*middle ear device*) vermarktet. Beide Produkte nutzten das einzigartige Merkmal des Bioglass®45S5, an Weichgewebe anzubinden, und wurden als

Implantate zur Therapie von konduktivem Hörverlust eingesetzt [50]. Im Zusammenhang mit diesen Produkten, die zur Therapie des konduktiven Hörverlustes vermarktet wurden, soll hier noch einmal der Begriff *Abstraktionsgrad,* der im Abschn. 4.2.2 adressiert wird, erwähnt werden. Es ist allgemein akzeptiert, dass passive Mittelohr-Implantate (in dieser Kategorie finden sich die Produkte MEP® und Douek MED wieder) gegenüber aktiven Implantaten (die den konduktiven Gehörgang umgehen und die Cochlea direkt stimulieren) öfters unterlegen sind. Somit können MEP® und Douek MED beispielhaft eine Entwicklung mit einem falschen (oder überholten) Abstraktionsgrad darstellen, die letztendlich dazu führt, dass die Produkte kurzer Zeit nach der Markteinführung „überflüssig" werden oder nicht mehr konkurrenzfähig sind.

Im Jahre 1988 wurde ein weiteres Bioglass®45S5-basiertes Produkt mit dem Namen „Endosseous Ridge Maintainence Implant" (ERMI®) auf den Markt gebracht. Dies war ein konisches Implantat, das in den Knochenfächer *(Alveole)* frisch gezogener Zähne eingesetzt wurde und eine herausragende Anbindung an das Gewebe aufwies. Das ERMI®-Produkt erwies sich als wichtige Hilfe bei Zahnrekonstruktionsanwendungen.

Trotz des ziemlich erfolgreichen Einsatzes von Bioglass®45S5 in kommerziellen Produkten, wurde weiterhin Grundlagenforschung betrieben, um ein klares Bild über Wechselwirkungen zwischen Bioglass und lebendem Gewebe zu schaffen. Interessanterweise wurde festgestellt, dass die (meist ionischen) Spezies, die beim Auflösen des Bioglass®45S5 in Körperflüssigkeiten freigesetzt werden, einen ausschlaggebenden Effekt auf die Aktivierung spezieller Gene in Osteoblasten haben (Abb. 5.6) [53, 54].

Dies zeigte, dass Bioglass®45S5 und verwandte Glasformulierungen (d. h. bioaktive Gläser der Klasse A) die Bildung von neuem Knochengewebe durch eine direkte Kontrolle der Gene, die die Induktion und Progression der Zellzyklen (hier Osteoblasten) regulieren, gewährleisten. Der Befund, dass Bioglass® die Osteoblasten zur vermehrten Knochenbildung „stimuliert" führte zu Konzepten wie „Osteoproduktion" und „Osteostimulation" und zu einer weiteren Bioglass®-basierten Generation von Produkten, wie beispielsweise PerioGlass®, das ab 1993 für Knochenregenerationszwecke in periodontalen Erkrankungen eingesetzt wurden. Ein Übersichtsartikel aus dem Jahre 2006 [50] schätze die Zahl an periodontalen Knochenregenerationseingriffe, die PerioGlass® eingesetzt haben, auf fast eine Million.

Erkenntnisse und Schlussfolgerungen Die vorliegende Fallstudie zeigt mehrere Beispiele einer erfolgreichen Kommerzialisierung von Produkten basierend auf Bioglass®. Hervorzuheben sind in diesem Fall die klare, explizit anwendungsorientierte Fragestellung sowie die von Anfang an angestrebte hohe Interdisziplinarität der wissenschaftlichen Herangehensweise.

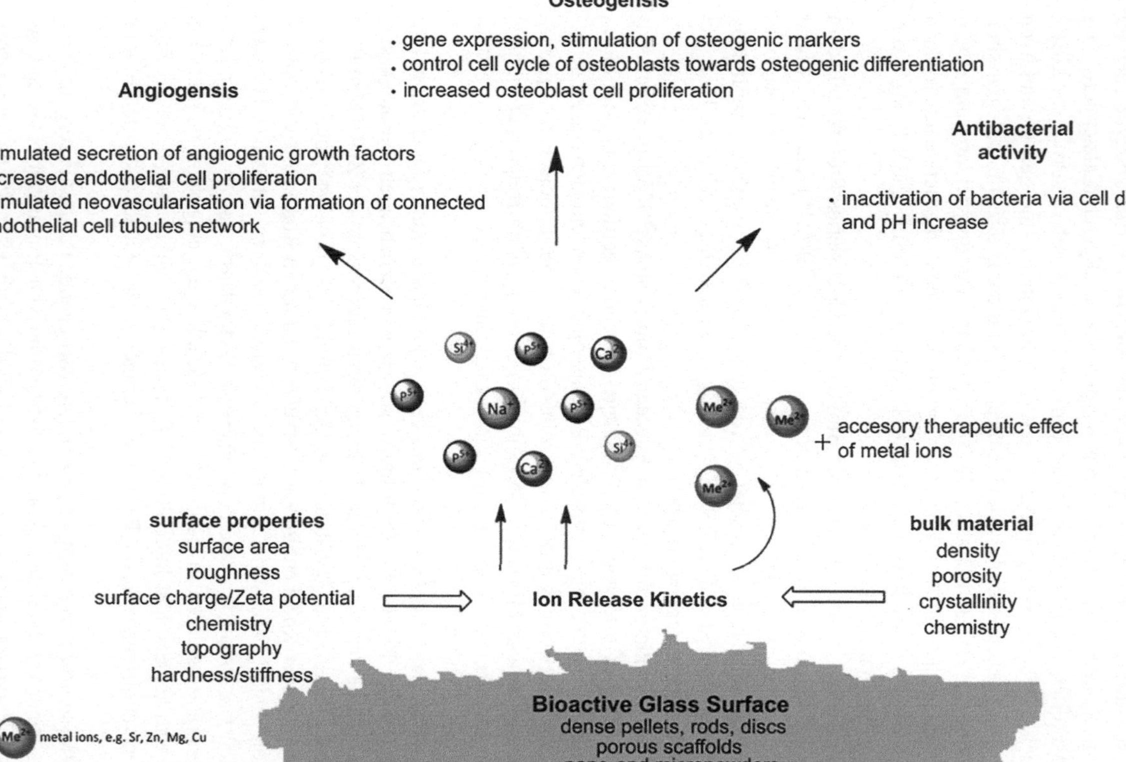

Abb. 5.6 Biologische Effekte freigesetzter Auflösungsspezies von bioaktiven Gläsern [53]. (Nachgedruckt mit Genehmigung von Wiley)

5.3   SiOC-Glühstiftkerze

Die Glühstiftkerze hat eine langjährige Geschichte. Diese wurde von J. J. E. Lenoir in der zweiten Hälfte des neunzehnten Jahrhunderts erfunden und 1860 in seinem Gasmotor eingesetzt. Es gibt aus der Zeit unterschiedliche patentierte Glühstiftkerzen *(spark plugs, igniters)*, beispielsweise von N. Tesla [55], F. R. Simms (GB 24859/1898, siehe Abb. 5.7) oder R. Bosch (GB 26907/1898). Der kommerzielle Durchbruch der Glühstiftkerze wurde mit dem Einsatz dieser in einem Hochspannungs-Magnetzünder (Erfindung von Gottlob Honold, Robert Bosch GmbH, am 7. Januar 1902) verzeichnet. Bereits 1968 feierte die Robert Bosch GmbH den Verkauf der einmilliardsten Zündkerze; im Jahre 2000 wurden sieben Milliarden Bosch-Zündkerzen verkauft.

Um einen schnellen Motorstart auch bei niedrigen Temperaturen zu ermöglichen sowie darüber hinaus höhere Verbrennungstemperaturen gewährleisten zu

Abb. 5.7 Cover und Innenseite des Handbuches „The Simms Magneto", dass das von F. R. Simms im Jahre 1898 patentierte Magnetzündungssystem vorstellt

können, wurden seit den 80er Jahre des letzten Jahrhunderts keramische Glühstift-kerzen entwickelt und eingesetzt. Es gibt unterschiedliche Designs von kerami-schen Glühstiftkerzen, wie beispielsweise die SRC-Glühstiftkerze *(Self Regulating Ceramic)*, mit einem Heizelement bestehend aus einer in Keramik eingebetteten Metallheizspule oder die HTC-Glühstiftkerze *(High Temperature Ceramic)*, bei der auch der Heizer aus Keramik besteht. Moderne Glühstiftkerzen sind für das Vorglühen als auch für „Nachglüh"-Vorgänge verantwortlich, die beispielsweise Weiß- und Blaurauchbildung als Folge unvollständiger Verbrennung reduzieren bzw. die Eliminierung von dieselspezifischen Kaltstartnagelgeräuschen bewirken.

Im Rahmen von Forschungen bei der Robert Bosch GmbH, die sich mit der Entwicklung einer keramischen Glühstiftkerze mit erhöhter Lebensdauer sowie mit höheren Betriebstemperaturen beschäftigten, wurde Anfang der 2000er Jahre eine Reihe Patentanmeldungen veröffentlicht, die die Herstellung einer Silicium-oxycarbid-basierten keramischen Glühstiftkerze beschrieb [56, 57]. Die Vorteile der Polymer-abgeleiteten Methode zur Herstellung von SiOC-Glühstiftkerzen gegenüber den konventionellen Herstellungsverfahren für Keramiken (Sintern) sind die wesentlich niedrigeren Prozesstemperaturen und die einfache Verarbeit-barkeit sowie die Verfügbarkeit und die niedrigen Anschaffungspreise der dafür eingesetzten Polysiloxane (Abb. 5.8).

Im Rahmen einer Promotionsarbeit am Teilfachbereich Materialwissenschaft (FG Disperse Feststoffe, Prof. Ralf Riedel) wurde eine SiOC-Glühstiftkerze entwickelt, die aus einer isolierenden B-modifizierten SiOC-Masse mit einem langzeitstabilen elektrischen Widerstand und einer elektrisch leitfähigen $MoSi_2$-haltigen SiOC-Komponente besteht. Obwohl die Robert Bosch GmbH einen „Vorproduktions"-Vorgang gestartet hatte (mit der Absicht, SiOC-basierte Glüh-stiftkerzen als konkurrenzfähiges Produkt zu vermarkten), kam es doch nicht zur Kommerzialisierung der SiOC-Glühstiftkerze.

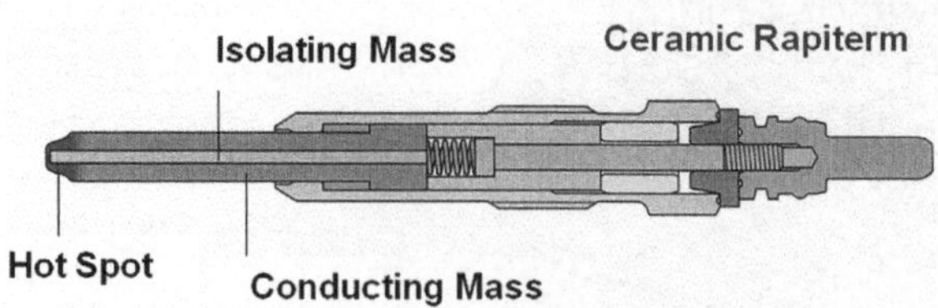

Abb. 5.8 Schema einer auf SiOC-basierenden Glühstiftkerze. (Bild zur Verfügung gestellt von Prof. Riedel, TU Darmstadt)

Erkenntnisse und Schlussfolgerungen Obwohl die Gründe dieser Entscheidung im Rahmen der vorliegenden Studie nicht vollständig aufgeklärt werden konnten, scheint der für eine Markteinführung inakzeptabel hohe Ausschuss bei der Produktion der Glühstiftkerze aus SiOC ausschlaggebend dafür gewesen zu sein, dass die Robert Bosch GmbH die Vermarktung der SiOC-Glühstiftkerze einstellte und anstatt dessen auf eine von Kyocera angebotene Materiallösung (basierend auf Si_3N_4) zurückgriff.

5.4 SiBCN-basierte keramische Fasern

Die vorliegende Fallstudie beschreibt die Entwicklung einer keramischen SiBCN-Faser, die Anfang der 2000er Jahre als keramische Faser mit verbessertem Hochtemperaturverhalten im Vergleich zur kommerziell erhältlichen SiC-Faser dargestellt wurde.

Die Motivation, keramische Fasern zu synthetisieren und beispielsweise in faserverstärkten Keramikverbundwerkstoffen (fiber-reinforced ceramic matrix composites, CMCs) einzusetzen, beruht auf der Entwicklung und dem Erfolg der Kohlenstofffaser. Kohlenstofffasern sind Materialien die ausgehend von Polymer-precursoren mittels einer Kombination aus Formgebung (z. B. Schmelzspinnverfahren) und Karbonisierung hergestellt werden und typischerweise mehr als 92 % Kohlenstoff enthalten. Kohlenstofffaser weisen Zugfestigkeiten von bis zu 7 GPa, sehr gute Kriechbeständigkeit, geringe Dichten ($1{,}7$–2 g/cm^3) und eine hohe Steifigkeit (E-Modulwerte bis 900 GPa) auf. Somit sind Kohlenstofffasern attraktive Materialien für den Einsatz in unterschiedlichen faserverstärkten Kompositmaterialien [58, 59]. Jedoch können Kohlenstofffasern oxidativen Bedingungen bei hohen Temperaturen nicht ausgesetzt werden, da sie sehr unbeständig sind. Somit wurde schon in den späten 50er Jahre des letzten Jahrhunderts erkannt, dass Verbundwerkstoffe, die mit hochtemperaturstabilen Fasern (d. h. Keramikfasern) verstärkt sind, die Lösung für keramische Materialien mit quasiduktilem Verhalten für Anwendungen bei sehr hohen Temperaturen und in aggressiver Umgebung darstellen. Anfang der 70er Jahre des letzten Jahrhunderts wurde in Japan ein Prozess für die Herstellung kontinuierlicher SiC-Fasern ausgehend von einem Polycarbosilan entwickelt. Seishi Yajima veröffentlichte 1975 in *Chem. Lett.* eine erste Studie zur Herstellung von SiC-Fasern ausgehen von einem Polysilan, das vor dem Spinnverfahren zur Herstellung der Fasern thermisch in ein Polycarbosilan umgewandelt wurde [60]. In den Jahren nach der ersten Veröffentlichung wurde das Herstellungsverfahren der kontinuierlichen SiC-Fasern optimiert und ist seitdem als Yajima-Prozess bekannt (Abb. 5.9).

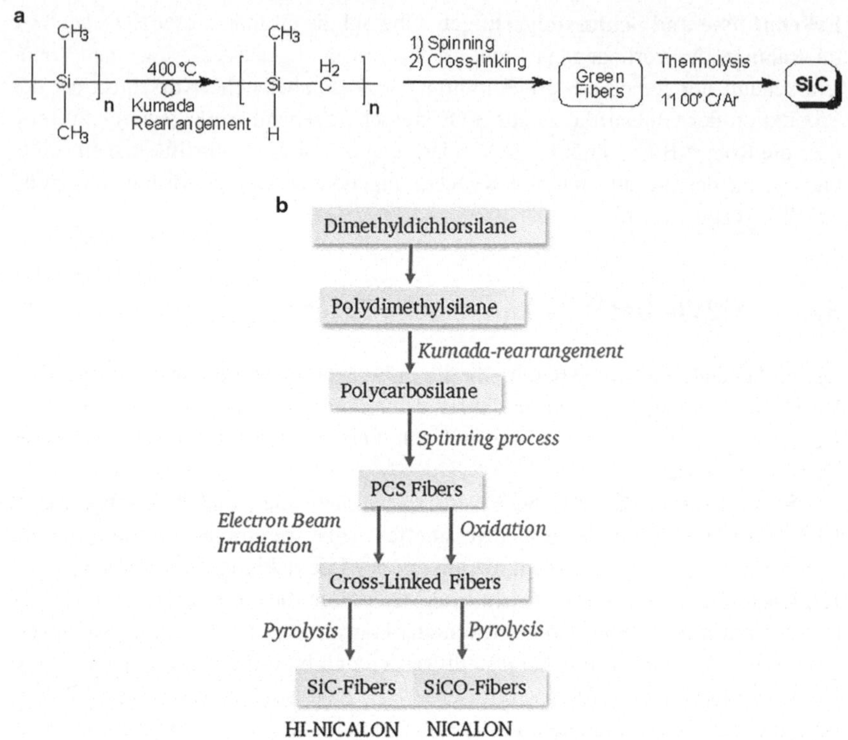

Abb. 5.9 **a** Schematische Darstellung der thermischen Umlagerung eines Polydimethylsilan in ein Polycarbosilan (Kumada-Umlagerung); **b** Schematische Darstellung des Yajima-Prozesses zur Herstellung von SiC Fasern

Heutzutage werden SiC-Fasern kommerziell angeboten, jedoch findet deren Herstellung und Vermarktung ausschließlich in Japan statt. Aufgrund dieser Umstände sind in den letzten Jahrzehnten zahlreiche Forschungsvorhaben in Europa und in den USA durchgeführt worden, die eine kommerzielle Materialalternative zu den Yajima-SiC-Fasern anbieten sollten.

Im Rahmen dieser Aktivitäten wurde Mitte der 90er eine neue, SiBCN-basierte Polymer-abgeleitete Keramik synthetisiert und als vielversprechendes Ultrahochtemperaturmaterial dargestellt (siehe Abb. 5.10) [61, 62]. Da SiBCN ausgehend von präkeramischen polymeren (d. h. Polyborosilazanen) zugänglich ist, wurde erkannt, dass, analog zum Yajima-Prozess, auch hier ein Schmelzspinnverfahren eingesetzt werden kann, das die Herstellung keramischer SiBCN-Fasern ermöglicht [63].

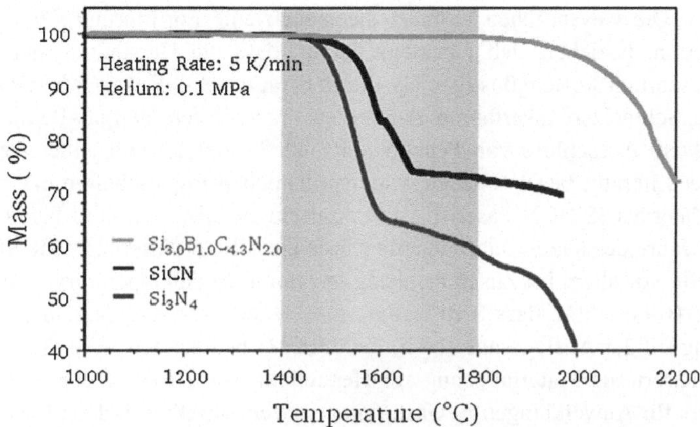

Abb. 5.10 Vergleich der thermischen Stabilität (hinsichtlich der Zersetzung) von Si_3N_4, SiCN und SiBCN Keramiken. (Nach [61], nachgedruckt mit Genehmigung von Nature Publishing Group)

In den 2000er Jahre wurden koordinierte Anstrengungen vorgenommen, um eine auf SiBCN basierende Faser marktreif zu entwickeln. In diesem Zusammenhang wurde beispielsweise von 2006 bis 2009 ein vom BMBF mit mehr als 4 Mio. € gefördertes Projekt (SiPEVe, SiBNC-Werkstoffe für Produktions-, Energie- und Verkehrstechnik) mit einem großen Konsortium bestehend aus zwei Universitäten (Uni Bremen, Uni Bayreuth), drei Forschungsinstituten (Fraunhofer Institut für Silicatforschung Würzburg, DLR e. V. Köln, DLR e. V. Stuttgart) sowie industriellen Partnern (Schunk, EADS GmbH, SGL Carbon, H. C. Starck Ceramics) bearbeitet. Einerseits wurde die Synthese des präkeramischen Polymers für eine Kapazität von 250 kg im Jahr angepasst und optimiert. Darüber hinaus wurde ein Prozess zur Herstellung kontinuierlicher SiBCN-Fasern entwickelt und optimiert. Interessanterweise wurde das Projekt nach 2009 nicht fortgesetzt, trotz vielversprechender Ergebnisse und Entwicklungen.

Dies hat vielfältige Gründe, die im Rahmen der vorliegenden Fallstudie nicht gänzlich betrachtet werden können. Jedoch kann man einige Gegebenheiten erkennen, die eventuell einen ausschlaggebenden Einfluss auf die Fortsetzung der SiBCN-Faserentwicklung gehabt haben. Folgende Situation ist 2009 (zum Ende des BMBF-geförderten Projektes) zu verzeichnen: i) die Chemie und die für das Schmelzspinnverfahren und den Vernetzungsvorgang relevanten Eigenschaften des präkeramischen Polymers waren optimiert; ii) die Faserherstellung wurde als kontinuierlicher Prozess im Technikum-Maßstab entwickelt und optimiert. Die wesentlichen Gründe, die jedoch eine Fortführung der Arbeiten verhinderten, beziehen sich einerseits darauf, dass die Herstellung der Fasern nicht wesentlich kostengünstiger als die der Yajima-SiC-Fasern war (Polymersynthese, Schmelzspinnverfahren und Vernetzung bedürfen Inertgas-Bedingungen und striktem Ausschluss von Feuchtigkeit und Sauerstoff) und andererseits auf die in der Literatur beschriebenen, widersprüchlichen Eigenschaften des keramischen Materials (SiBCN Fasern). Hierzu sei ein Beispiel erwähnt: bereits Ende der 90er Jahre des letzten Jahrhunderts wurde die SiBCN-Faser als konkurrenzlos dargestellt, vor allem im Zusammenhang mit ihrem Hochtemperaturverhalten. Es wurde z. B. berichtet, dass SiBCN-Fasern 80 % der Raumtemperatur-Festigkeit nach langzeitiger Auslagerung (50 h) bei 1500 °C beibehalten [63]. Dies machte SiBCN-Fasern als Materiallösung zur Herstellung von Faserverbundwerkstoffen besonders für Anwendungen in Gasturbinen extrem attraktiv. Jedoch konnte man schon damals in der Fachliteratur widersprüchliche Information dazu finden: in einer Fallstudie wurden SiBCN-Fasern bei 1500 °C für (nur) 1–2 h ausgelagert und wiesen anschließend eine dramatische Abnahme der Zugfestigkeit auf [64].

Erkenntnisse und Schlussfolgerungen Im Rahmen vorliegender Fallstudie wurden folgende mögliche Ursachen für den Misserfolg der marktreifen Entwicklung einer SiBCN-Faser identifiziert:

a) Die Synthese des präkeramischen Polymerprecursors sowie die Faserherstellung benötigen Inertgasbedingungen – dies führt dazu, dass die Produktion von SiBCN-Fasern kostspielig ist.

b) Es wird vermutet, dass der Faserherstellungsprozess weiterer Optimierung bedurfte wodurch der Einsatz von SiBCN-Fasern für die Produktion von ultrahochtemperaturstabilen CMCs nicht in Betracht gezogen werden konnte.

c) Die Herstellung von $SiBCN_f$/SiBCN-basierten CMCs (dies war die primäre Zielsetzung des BMBF-geförderten Projektes) beinhaltet zusätzlich zur Herstellung von kontinuierlichen SiBCN-Fasern und $SiBCN_f$-basierten Prepregs auch die Bereitstellung der SiBCN-Matrix, die mittels Polymer-Infiltration-Pyrolyse-Vorgängen (polymer infiltration pyrolysis, PIP) zugänglich gemacht wird. Die Nutzung der PIP-Methode weist Nachteile gegenüber anderen Techniken, wie z. B. der Flüssigphasensilizierung (liquid silicon infiltration, LSI), auf, die jedoch hier nicht einsetzbar sind.

d) Die in den 90er Jahren des letzten Jahrhunderts (d. h. während des Anfangsstadiums der SiBCN-Entwicklung) festgestellten Hochtemperatureigenschaften der SiBCN-Faser (vor allem in aggressiven Umgebungen), die diese sehr attraktiv für UHT-Anwendungen machte, konnten nicht zweifelsfrei belegt bzw. reproduziert werden.

5.5   Piezo-Injektor

Das vorliegende Beispiel zeigt die Entwicklung eines *Common-Rail*-Einspritzmoduls basierend auf dem Piezo-Prinzip. Für den Einspritzvorgang von Dieselkraftstoff in den Brennraum wird im Rahmen der *Common-Rail*-Technik eine hohe Flexibilität hinsichtlich Einspritzdruck und Einspritzzeitpunkt benötigt. Dadurch kann u. a. die Lautstärke der Verbrennung reduziert sowie die Leistungskurve des Motors, insbesondere in niedrigen Drehzahlbereichen, verbessert werden [65].

Das Ziel dieser Entwicklung war es daher, einen Aktor zu entwickeln, der die o. g. Vorteile der *Common-Rail*-Technik auf Produktebene umsetzen kann. Aufgrund der Eigenschaften von Piezo-Kristallen, ihre geometrischen Maße unter Anlegen einer elektrischen Spannung hochdynamisch zu verändern, bieten sich diese als Aktoren für die o. g. Anforderungen der *Common-Rail*-Technik an. Die hohe Dynamik des Piezoaktormoduls ermöglicht ein Öffnen und Schließen des Düsenmoduls in der benötigten Taktung und optimiert dadurch das Einspritzverhalten (Abb. 5.11).

Ein weiterer produktspezifischer Vorteil ist das Bereitstellen hoher Kräfte auf kleinstem Bauraum, sowie die hohe Positioniergenauigkeit des Piezoaktors, wodurch die hohen Einspritzdrücke und die exakten Einspritzvolumina

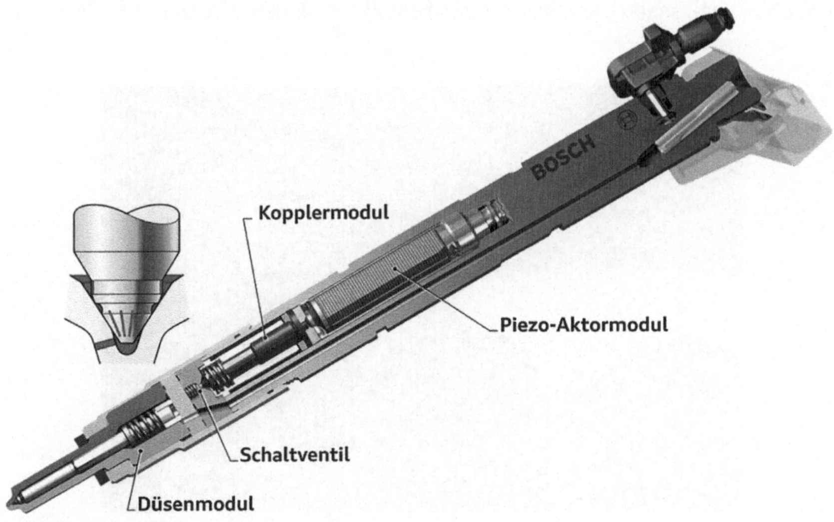

Abb. 5.11 Schematische Darstellung eines Piezo-Injektors [66]

realisiert werden können [67]. Aufgrund der mechanischen Eigenschaften des Piezo-Aktormoduls kann eine unmittelbare Einbindung in die mechanische Struktur ohne weitere konstruktive Maßnahmen erfolgen. Ein spezifischer Vorteil in der Anwendung von Piezoaktoren in der Produktumgebung von Verbrennungsmotoren ist die im Vergleich zu anderen Aktorprinzipien hohe Robustheit gegen mögliche Temperaturfelder. Darüber hinaus zeigen Piezoaktoren ebenfalls robustes Verhalten gegenüber Magnetfeldern und Verschleiß.

Durch die in der Produktentwicklung festgelegten Produkteigenschaften des Piezo-Injektors (Abb. 5.11) ergaben sich hohe Anforderungen für die Fertigung, insbesondere bzgl. Oberflächenqualität und Feingeometrie. Aufgrund des hohen Drucks der *Common-Rail*-Technik von 1500 bar bestehen für Düsenkörper, Nadel und Düse sehr hohe Toleranzeigenschaften. Die Fertigung der sehr kleinen Spritzlochdurchmesser der Düsen mit gezielter konischer Form und Verrundung am Locheintritt erfolgte durch einen Erosionsprozess (Abb. 5.12).

Die Bearbeitung der Rohlinge erfolgt typischerweise in einer temperierten Halle bei 23 °C um den Einfluss von Störgrößen möglichst gering zu halten. Um möglichst geringe Paarungsspiele (<2 µm) zwischen Düsennadel und -körper zu erreichen, wurden die Düsen durch einen Paarungsautomaten pneumatisch vermessen und entsprechenden Düsenkörpern zugeordnet. Nadel und Düse wurden hierfür hinsichtlich ihrer Feingeometrie durch Laserinterferenz überprüft. Die anschließende Montage muss unter Reinraumbedingungen erfolgen, da Partikel ab 50 µm schon die Funktionssicherheit gefährden können. Abschließend

Abb. 5.12 Erosionsprozess zur Herstellung der Düsen [68]

erfolgt eine Kontrolle des Strahlbildes um eine gleichbleibende Fertigungsqualität sicherzustellen [68].

Erkenntnisse und Schlussfolgerungen Die vorgestellte Fallstudie zeigt, dass die Verbesserung der Systemumgebung „Verbrennungsmotor" ein Erfolgsfaktor für das darin eingebundene Produkt Piezoinjektor darstellt. Durch die Verwendung des Piezomoduls ließ sich der Wirkungsgrad des Systems erhöhen sowie die Sensibilität gegenüber Störgrößen reduzieren. Darüber hinaus konnte die Piezokeramik ohne aufwendige konstruktive Anpassungen in den Kraftfluss des Systems eingebunden werden. Die mit der Systemumgebung kompatiblen mechanischen Eigenschaften der Piezokeramik stellen dabei einen Erfolgsfaktor dar. Darüber hinaus standen Fertigungsverfahren für das entwickelte Produkt zur Verfügung und konnten in geeigneter Auswahl die Fertigung ermöglichen. Dadurch wurde die Umsetzung beschleunigt.

5.6   Formgedächtnislegierungen

Der Formgedächtniseffekt wurde bereits vor 80 Jahren an Gold-Cadmium Legierungen entdeckt. Technisch relevante Effekte von Formgedächtnislegierungen (FGL) sind Einwegeffekt, Zweiwegeffekt und die Pseudoelastizität (siehe Abb. 5.13) [69]. Gemeinsam ist diesen jeweils ein Übergang eines Materials zwischen zwei unterschiedlichen Gitterstrukturen. Durch diesen Effekt ist eine variable Steifigkeit in Abhängigkeit der Temperatur und der mechanischen Vorbelastung einstellbar, was vielseitige Anwendung denkbar macht. Formgedächtnislegierungen (FGL) können sowohl als Sensor, als auch als Aktor fungieren.

Das Verhalten und die materialspezifischen Eigenschaften sind weitestgehend bekannt. Als Fertigungsverfahren bietet sich ein Großteil der für metallische Werkstoffe bereits verfügbaren Fertigungsverfahren an. Daher ist die Bandbreite der Fertigungsprozesse sehr groß und bietet vielseitige Möglichkeiten. Als beispielhafte Beschichtungsverfahren können hier Sputtern, galvanisches Beschichten sowie Chemical Vapor Deposition genannt werden. Vorteile des Beschichtens liegen unter anderem in der sicheren Funktionsweise, der einstellbaren Legierungs-zusammensetzung, den einstellbaren mechanischen Eigenschaften sowie der sicheren Funktionsweise. Nachteile ergeben sich durch die Begrenzung der Strukturgestaltung, sowie der Begrenzung der Baugröße. Beispiele für Umformen als wichtigstes Fertigungsverfahren von Formgedächtnisbauteilen sind Drahtziehen, Federwickeln, Scheren, Stanzen und Lasertrennen. Diese zeichnen

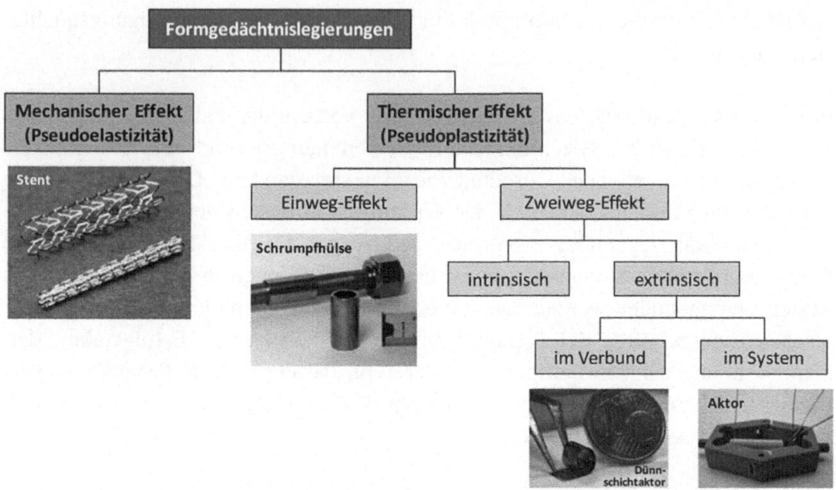

Abb. 5.13 Schematische Unterteilung der FG-Effekte und Zuordnung von Anwendungen [69]

sich durch eine sichere Funktionsweise, die einfache und kostengünstige Halbzeugherstellung sowie viele verfügbare Halbzeughersteller am Markt aus. Ein Nachteil der Umformverfahren liegt in den lediglich durch Wärmebehandlung einstellbaren mechanischen Eigenschaften. Als letzte Klasse der Fertigungsverfahren muss noch das Urformen mit den Vertretern Sintern, selektives Lasersintern und selektives Laserschmelzen genannt werden. Vorteile sind hierbei die leicht einstellbare Legierungszusammensetzung, die endkonturnahe Herstellung bei gleichzeitig großer Gestaltungsfreiheit, die Möglichkeit, Bauteile beliebiger Größe herzustellen sowie die einstellbaren mechanischen Eigenschaften. Nachteilig ist, dass die Verfahren im Vergleich zu anderen Fertigungsverfahren sehr aufwendig sind, die Porosität die mechanischen Eigenschaften beeinflusst und leicht Verunreinigungen auftreten können [69].

Bei der Fertigung von Formgedächtnislegierungen ist generell zu beachten, dass die Prozessparameter der Fertigung spezifisch eingestellt und eingehalten werden müssen, da manche Produkteigenschaften eine Sensibilität gegenüber diesen aufweisen. Daraus ergibt sich jedoch auch der Vorteil, dass die angestrebten Produkteigenschaften durch Beherrschung der Fertigungsprozesse realisiert werden können.

Bisherige Anwendungen erstrecken sich u. a. über die Bereiche Verbindungstechnik, Regelungstechnik, Kraftfahrzeugtechnik, Datenverarbeitung, Energietechnik, Motorentechnik, Automation, Kleidung und Medizintechnik [70].

Eine Diskrepanz besteht bei FGL noch zwischen dem bisherigen Anwendungsspektrum und den Bereichen in denen ein Anwendungspotenzial von Formgedächtnisbauteilen gesehen wird (Abb. 5.14).

Eine große Hürde für die erfolgreiche Überführung in ein Produkt wird in den kritischen Eigenschaften von Formgedächtnislegierungen gesehen. Hierzu zählt das Ermüdungsverhalten, welches durch Stellweg, Last, Legierungselemente und Verbindungstechnik beeinflusst werden kann. Dieses kann durch eine Veränderung der Bauweise oder eine Korrektur der Vorspannung verbessert werden. Eine weitere kritische Eigenschaft ist die begrenzte zyklische und Reaktionsdynamik sowie ein negativer Einfluss durch mechanische Vorspannung. Eine Optimierung des dynamischen Verhaltens kann daher durch eine Veränderung der Umgebungsbedingungen, der Umwandlungstemperaturen, der Hysteresebreite sowie der Form realisiert werden [69].

Ein Beispiel für eine erfolgreiche Entwicklung eines FGL Produktes ist der sogenannte „Stent" (Abb. 5.13). Hierbei handelt es sich um ein Implantat, welches Blutgefäße offenhalten und somit Verstopfungen vermeiden soll. Der selbst öffnende FGL Stent („self-expanding") wurde als Alternative zum aufblasbaren Stent („balloon-expandable") entwickelt. Der Stent wird außerhalb des Körpers zusammengedrückt und in einen Katheter eingebracht. Nach Einführung in den Körper wird er aus dem Katheter gedrückt und öffnet sich um bereits durch den Katheter geweitete Blutgefäße zu stützen und offen zu halten. Erst dort erlangt er seine maximale geometrische Abmessung. Ein beispielhafter Verlauf der Radialkraft findet sich in Abb. 5.15 [71].

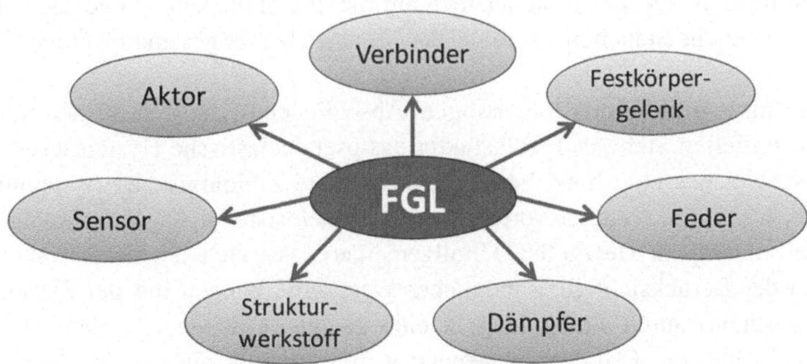

Abb. 5.14 Mögliche Anwendungsbereiche, in denen ein Einsatz von Formgedächtnislegierungen erwartet wird [69]

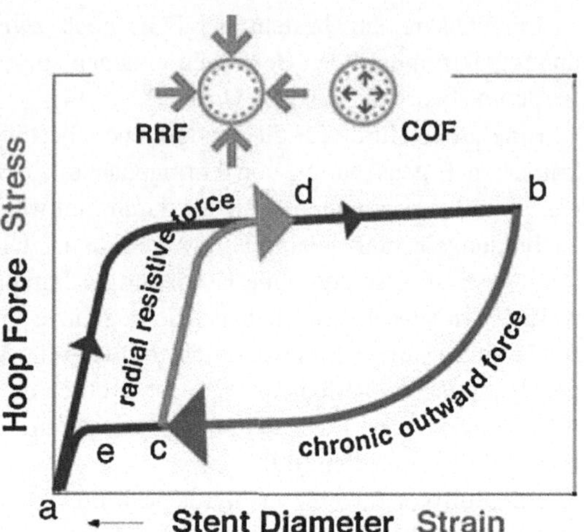

Abb. 5.15 Schematische Stress-Hysterese in Nitinol-basierten Stents [71]

An diesem Beispiel zeigt sich, dass das pseudoelastische Verhalten als Eigenschaft des FGL Materials „Nitinol" ein ausschlaggebender Punkt war, eine FGL für den Anwendungszweck des Stents einzusetzen. Das für Metalle unübliche Hystereseverhalten (siehe Abb. 5.15) findet sich in biologischen Systemen wieder und ermöglicht aufgrund der Nachgiebigkeit und Anpassbarkeit eine deutlich bessere Verträglichkeit der mechanischen Eigenschaften mit der Anwendung als herkömmliches Metall [72].

Ein Vorteil sind die in Abb. 5.15 angedeuteten „Stress Level", die der Stauchung des Stents vor der Einführung in den Katheter eine höhere Widerstandskraft entgegenbringen als die Kraft, die letztlich auf die empfindlichen Blutgefäße wirken. Dadurch kann die Stauchung während der Montage besser gesteuert werden [71].

Erkenntnisse und Schlussfolgerungen Abschließend lässt sich für den formgedächtnisbasierten Stent als Erfolgsfaktor das pseudoelastische Hystereseverhalten ableiten, welches eine hohe Verträglichkeit mit der biologischen Systemumgebung aufweist. Ein weiterer Vorteil liegt in der selbstständigen Ausdehnung nach der Anbringung im Herzgefäß. Verallgemeinert lässt sich ein Erfolgsfaktor für FGL in der Berücksichtigung möglicher Wechselwirkungen mit der Systemumgebung sehen. Durch Einbindung in eine geeignete Systemumgebung können die Eigenschaft der FGL gezielt genutzt werden. Ferner müssen die Sensitivitäten der FGL gegenüber den im Rahmen der Fertigungsverfahren entstehenden Wechselwirkungen bekannt sein und ggf. gezielt genutzt werden. Das zeitabhängige mechanische Verhalten stellt ebenfalls eine Hürde für die erfolgreiche

Überführung von Formgedächtnislegierungen in Produktinnovationen dar. FGL sind hoch sensibel gegenüber Störgrößen in Form von Temperaturschwankungen oder unvorhergesehenen mechanischen Belastungen. Für die Nutzung von FGLs in technischen Systemen müssen die Wechselwirkungen mit der Systemumgebung klar definiert und kontrollierbar sein.

5.7 Dünnschichtsolarzellen

Das Beispiel „Dünnschichtsolarzellen" handelt vom zunehmenden Einsatz von Dünnschichtsolarmodulen in der Solarbranche. Solche Module sind bereits umfassend verfügbar und verbaut. Mit zunehmender Verwendung der Dünnschicht-Module ergab sich allerdings eine erhöhte Zahl an auftretenden Schädigungen solcher Anlagen (siehe Abb. 5.16).

Der Fokus der Materialentwicklung liegt derzeit auf der Erforschung von Materialkombinationen und der Präparation von Vakuum-Dünnschichtverfahren. Darüber hinaus soll das Grenzflächenverhalten von polykristallinen Solarzellen charakterisiert werden. Es finden gezielte Untersuchungen von Grenzflächen durch Verwendung oberflächenphysikalischer Messmethoden statt. Der Forschungsbedarf fokussiert sich in Zukunft auf die Optimierung des Kontaktpotenzials sowie die Substitution nasschemischer Prozessschritte und unerwünschter Materialien. Darüber hinaus soll die Reproduzierbarkeit erhöht, das Verständnis für den Herstellungsprozess vertieft und der Wirkungsgrad gehoben werden [73]. Insbesondere in Bezug auf die Fertigung soll der Durchsatz gesteigert werden und neue Materialien und Bauelementstrukturen erprobt werden (in Anlehnung an [74]).

Abb. 5.16 Schadensbilder bei Dünnschicht-Fotovoltaik-Modulen [73]

An den oben genannten Untersuchungsschwerpunkten lässt sich sehr gut erkennen, dass die Materialprozessentwicklung mit der Fertigungsprozessentwicklung kooperiert und gemeinsame Ziele erreicht werden sollen.

Wie bereits erwähnt, wurde bei einer steigenden Verwendung von Dünnschicht-PV-Modulen ein steigendes Aufkommen von Schädigungen detektiert. Die Gründe hierfür liegen in den nicht erfassten Anforderungen des Nutzungsprozesses, welche im Folgenden näher beschrieben werden.

Die Solarindustrie prüft Module nach DIN EN 61646. Dabei wird einer von acht Probekörpern einer zyklischen flächigen mechanischen Belastung unterzogen. Die Befestigung erfolgt nach Herstellerangaben an einer starren Unterkonstruktion. Aufgrund der geringen Probenzahl tritt eine große Streuung der Messergebnisse auf. Bedingt wird dies dadurch, dass das eigentliche Ziel der Norm die Bestimmung elektrischer und thermischer Kennwerte ist und die mechanische Betrachtung dabei im Hintergrund steht.

Im Glasbau ist die Auslegung nach dem Bemessungswerk TRLV sowie DIN 18008 mit einem rechnerischen Nachweis üblich. Berechnet man die nach DIN EN 61646 freigegebenen Bauteile nach den Vorschriften des Glasbaus, werden

Abb. 5.17 Beispielhafte Integration von Dünnschicht-Solarzellen in ein Dach. (Nachgedruckt aus [74] mit Genehmigung vom Forschungsverbund Erneuerbare Energien)

die Sicherheiten deutlich reduziert. Ein Beispiel eines gerahmten Moduls erlaubt nach DIN EN 61646 eine zusätzliche Belastung von 0,6 kN/m^2 zusätzlich zum Eigengewicht für mittlere Einwirkungsdauer. Laut der im Glasbau berücksichtigten DIN 1055 liegen 80 % der deutschen Haushalte in der Schneelastzone 2 mit einer charakteristischen Mindestschneelast von 0,7 kN/m^2 für eine Dachschräge von 30 (siehe Abb. 5.17) [74].

Da Schnee einer mittleren Einwirkungsdauer entspricht, überschreitet das nach DIN EN 61646 ausgelegte Modul die zulässige zusätzliche Belastung für die meisten Anwendungsfälle. Würde man die Sicherheitsberechnung aus den Vorschriften des Glasbaus umsetzen, würde sich das Anwendungsspektrum deutlich reduzieren, da die geforderten Sicherheiten nicht eingehalten werden könnten.

Erkenntnisse und Schlussfolgerungen Als Hürde für eine erfolgreiche Überführung einer Material- in eine Produktinnovation lässt sich aus der Fallstudie der Dünnschichtsolarzellen die Berücksichtigung von möglichen auftretenden Belastungen in der Nutzungsphase ableiten. Die Anforderungen an das Produkt müssen im Rahmen der Projektdefinition geklärt werden. Mögliche Belastungen können beispielsweise durch eine ausführliche Projektdefinition frühzeitig in einer Anforderungsliste erfasst werden.

Zusammenfassung und Fazit 6

Die vorliegende Studie ist im Rahmen des Profilbereiches *„Vom Material zur Produktinnovation"* der Technischen Universität Darmstadt entstanden und betrachtet die Innovationskette als Ergebnis einer ganzheitlichen Projektdefinition und einer integrierten Lösungsfindung. In diesem Zusammenhang konnte anhand ausgewählter Fallstudien gezeigt werden, dass das Vorhandensein einer soliden Wissensbasis eine fundamentale Voraussetzung für eine erfolgreiche und lückenlose Gewährleistung der Innovationskette darstellt. Somit ist die strategische Grundlagenforschung als unabdingbar für die Produktinnovation anzusehen.

Eine ganzheitliche Projektdefinition und eine integrierte Lösungsfindung implizieren, dass die Entwicklungsprozesse und Wertschöpfungskette nicht als chronologischer Ablauf vorher festgelegter Schritte von der Materialentwicklung zur Produkt-kommerzialisierung betrachtet werden darf. Somit sind abgesehen von klaren und leicht nachvollziehbaren anwendungsspezifischen Voraussetzungen von Anfang an auch nicht-technische Kriterien (bspw. wirtschaftliche Aspekte) zu berücksichtigen. Vor allem ist bei der ganzheitlichen Betrachtung und Bearbeitung der Innovationskette ein Umdenken erforderlich, das alle Schritte bzw. Arbeiten im Rahmen der Wertschöpfungskette am Gesamtoutput misst und beurteilt. Somit sollte gezielt ein disziplinübergreifender Einsatz von Methoden angestrebt werden.

Was Sie aus diesem *essential* mitnehmen können

- Die Innovationskette sollte als Ergebnis einer ganzheitlichen und interdisziplinären Projektdefinition und einer integrierten Lösungsfindung betrachtet werden.
- Das Vorhandensein einer soliden Wissensbasis stellt eine fundamentale Voraussetzung für eine erfolgreiche und lückenlose Gewährleistung der Innovationskette dar. Somit ist die strategische Grundlagenforschung als unabdingbar für die Produktinnovation anzusehen.
- Eine erfolgreiche Materialüberführung in Produkte setzt eine holistische Berücksichtigung der Innovationskette voraus, die die individuellen Schritte in der Innovationskette nicht mehr sequenziell und am *individuellen Output* sondern ausschließlich ganzheitlich und am *Gesamtoutput* misst und beurteilt.

© Springer Fachmedien Wiesbaden GmbH 2018
S. Gramlich et al., *Vom Material zur Produktinnovation*, essentials,
https://doi.org/10.1007/978-3-658-20664-2

Literatur

1. Auerswald PE, Branscomb LM (2003) Valleys of death and darwinian seas: financing the invention to innovation transition in the United States. J Technol Transf 28:227–239. https://doi.org/10.1023/a:1024980525678
2. Ford GS, Koutsky TM, Spiwak LJ (2007) An economic investigation of the valley of death in the innovation sequence. http://www.ntis.gov/pdf/ValleyofDeathFinal.pdf#sthash.vTbJa3sv.dpuf. Zugegriffen: 25. Apr. 2016
3. Hassett KA (2006) Innovation drives U.S. Economy. R Drives innovation. Semiconductor industry association newsletter. https://www.aei.org/publication/innovation-drives-u-s-economy/. Zugegriffen: 25. Apr. 2016
4. Beard TR, Ford GS, Koutsky TM, Spiwak LJ (2009) A valley of death in the innovation sequence: an economic investigation. Res Eval 18:343–356. https://doi.org/10.3152/095820209x481057
5. Hudson J, Khazragui HF (2013) Into the valley of death: research to innovation. Drug Discov Today 18:610–613. https://doi.org/10.1016/j.drudis.2013.01.012
6. Ressourcenmanagement V-F (2016) Ressourceneffizienz – Methodische Grundlagen, Prinzipien und Strategien. VDI-Gesellschaft Energie und Umwelt
7. Grote K-H, Feldhusen J (2014) Dubbel Taschenbuch für den Maschinenbau. Springer Vieweg, Berlin
8. Weger O, Großmann J, Fritz C, Birkhofer H (2005) Innovation process and sustainable development. In: Abele E, Anderle R, Birkhofer H (Hrsg) Environmentally-Friendly product development: methods and tools. Springer, London
9. Gleich R (2011) Performance measurement: Konzept, Fallstudien und Grundschema für die Praxis. Vahlen, München
10. Weißbach W, Dahms M, Jaroschek C (2015) Werkstoffverbunde – Strukturen, Eigenschaften, Prüfung. Springer Vieweg, Wiesbaden
11. Propohl G (2009) Allgemeine technologie. Eine Systemtheorie der Technik. Universitätsverlag karlsruhe, Karlsruhe
12. Hiersig HM (1995) Lexikon Produktionstechnik Verfahrenstechnik. VDI, Düsseldorf
13. DFG. http://www.dfg-bonn.de/forschung-in-deutschland.htm. Zugegriffen: 18. Mai 2016
14. Sarewitz D (2012) Blue-sky bias should be brought down to Earth. Nature 481:7. https://doi.org/10.1038/481007a

15. Leshner AI (2011) Rethinking the science system. Science 334:738. https://doi.org/10.1126/science.1215299
16. Petit JC (2004) Why do we need fundamental research? Eur Rev 12:191–207. https://doi.org/10.1017/S1062798704000195
17. May RM (1997) The scientific wealth of nations. Science 275:793–796. https://doi.org/10.1126/science.275.5301.793
18. May RM (1998) The scientific investments of nations. Science 281:49–51. https://doi.org/10.1126/science.281.5373.49
19. Gibbons M, Limoges C, Nowotny H, Schwartzman S, Seot P, Trow M (1994) The new production of knowledge: the dynamics of science and research in contemporary societies. SAGE, London
20. Nowotny H, Scott P, Gibbons M (2003) Introduction: 'Mode 2' revisited: the new production of knowledge. Minerva 41:179–194. https://doi.org/10.1023/a:1025505528250
21. Bentley PJ, Gulbrandsen M, Kyvik S (2015) The relationship between basic and applied research in universities. High Educ 70:689–709. https://doi.org/10.1007/s10734-015-9861-2
22. Rip A (2004) Strategic research, postmodern universities and research training. High Educ Policy 17:153–166
23. Pahl G, Beitz W, Feldhusen J, Grote K-H (2007) Konstruktionslehre. Grundlagen erfolgreicher Produktentwicklung – Methoden und Anwendung. Springer, Berlin
24. VDI2221 (1993) Methodik zum Entwickeln und Konstruieren technischer Systeme und Produkte. Beuth, Berlin
25. VDI2206 (2004) Entwicklungsmethodik mechatronischer Systeme. Beuth, Berlin
26. Suh NP (2001) Axiomatic design, advances and applications. Oxford University Press, New York
27. Suh NP (1998) Axiomatic design theory for systems. Res Eng Design 10:189–209
28. Ulrich KT, Eppinger SD (2008) Product design and development. McGraw-Hill, Boston
29. Groche P, Schmitt W, Bohn A, Gramlich S, Ulbrich S, Günther U (2012) Integration of manufacturing-induced properties in product design. CIRP Anals Manuf Technol 61:163–166
30. Birkhofer H, Schott H (1996) Die Entwicklung umwelgerechter Produkte: eine Herausforderung für die Konstruktionswissenschaft. Konstruktion 48(12):386–396
31. Schott H (1998) Informationsressourcen und Informationsmanagement für die Entwicklung umweltgerechter Produkte. VDI, Düsseldorf
32. Grüner C (2001) Die strategiebasierte Entwicklung umweltgerechter Produkte. VDI, Düsseldorf
33. Abele E, Anderl R, Birkhofer H, Rüttinger B (2008) Eco Design. Von der Theorie in die Praxis. Springer, Berlin
34. Birkhofer H (2011) From design practice to design science: the evolution of a career in design methodology research. J Eng Design 22:333–359
35. Gramlich S (2013) Vom fertigungsgerechten Konstruieren zum produktionsintegrierenden Entwickeln. VDI, Düsseldorf
36. Ehrlenspiel K (2009) Inegrierte Produktentwicklung. Denkabläufe. Methodeneinsatz, Zusammenarbeit. Hanser, München
37. Meboldt M (2008) Mentale und formale Modellbildung in der Produktentstehung als beitrag zum integrierten Produkentstehungsmodell (iPEM). Engelhardt & Bauer, Karlsruhe

38. Birkhofer H (2015) Produktinnovation. Vorlesungsskript. http://www.pmd.tu-darmstadt. de/lehre_17/lehrveranstaltungen_1/produktinnovation_1/produktinnovation_1.de.jsp
39. Finholt AE, Bond AC, Schlesinger HI (1947) Lithium aluminum hydride, aluminum hydride and lithium gallium hydride, and some of their applications in organic and inorganic chemistry. J Am Chem Soc 69:1199–1203. https://doi.org/10.1021/ja01197a061
40. Schmidt DL, Roberts CB, Reigler PF, Lemanski MF, Schram EP (2007) Aluminum Trihydride-diethyl etherate (Etherated Alane). Inorg Synth 14:47–52
41. Brower FM, Matzek NE, Reigler PF, Rinn HW, Roberts CB, Schmidt DL et al (1976) Preparation and properties of aluminum hydride. J Am Chem Soc 98:2450–2453. https://doi.org/10.1021/ja00425a011
42. Lee HM, Choi SY, Kim KT, Yun JY, Jung DS, Park SB, et al (2011) A novel solution-stamping process for preparation of a highly conductive aluminum thin film. Adv Mater 23:5524. https://doi.org/10.1002/adma.201102805.
43. Haber JA, Buhro WE (1998) Kinetic instability of nanocrystalline aluminum prepared by chemical synthesis; facile room-temperature grain growth. J Am Chem Soc 120:10847–10855. https://doi.org/10.1021/ja981972y
44. Lee HM, Choi S-Y, Jung A, Ko SH (2013) Highly conductive aluminum textile and paper for flexible and wearable electronics. Angew Chem Int Ed 52:7718–7723. https://doi.org/10.1002/anie.201301941
45. Lee HM, Seo JY, Jung A, Choi S-Y, Ko SH, Jo J et al (2014) Long-Term sustainable aluminum precursor solution for highly conductive thin films on rigid and flexible substrates. ACS Appl Mater Interfaces 6:15480–15487. https://doi.org/10.1021/am504134f
46. Kim H-D (2016) From idea to product: sustainable cycle, international conference of advanced ceramics and composites
47. Hench LL, Splinter RJ, Allen WC, Greenlee TK (1971) Bonding mechanisms at the interface of ceramic prosthetic materials. J Biomed Mater Res 5:117–141. https://doi. org/10.1002/jbm.820050611
48. Hench LL (2016) Bioglass: 10 milestones from concept to commerce. J Non-Cryst Solids 432:2–8. https://doi.org/10.1016/j.jnoncrysol.2014.12.038
49. Hench LL (1991) Bioceramics: from concept to clinic. J Am Ceram Soc 74:1487–1510. https://doi.org/10.1111/j.1151-2916.1991.tb07132.x
50. Hench LL (2006) The story of Bioglass (R). J Mater Sci-Mater M 17:967–978. https://doi.org/10.1007/s10856-006-0432-z
51. Hench LL, Pantano CG, Buscemi PJ, Greenspan DC (1977) Analysis of bioglass fixation of hip prostheses. J Biomed Mater Res 11:267–282. https://doi.org/10.1002/jbm.820110211
52. Weinstein AM, Klawitter JJ, Cook SD (1980) Implant-bone interface characteristics of bioglass dental implants. J Biomed Mater Res 14:23–29. https://doi.org/10.1002/jbm.820140104
53. Hoppe A, Güldal NS, Boccaccini AR (2011) A review of the biological response to ionic dissolution products from bioactive glasses and glass-ceramics. Biomaterials 32:2757–2774. https://doi.org/10.1016/j.biomaterials.2011.01.004
54. Xynos ID, Edgar AJ, Buttery LDK, Hench LL, Polak JM (2001) Gene-expression profiling of human osteoblasts following treatment with the ionic products of Bioglass®45S5 dissolution. J Biomed Mater Res 55:151–157. https://doi.org/10.1002/1097-4636(200105)55:2<151:AID-JBM1001>3.0.CO;2-D
55. Tesla N (1898) Electrical igniter for gas engines. US609250 A.

56. Klonczynski A, Koehne M (2004) Ceramic composite material and process for manufacturing the same. EP20040008303.
57. Koehne M (2004) Verfahren zur Herstellung eines isolierenden Keramik-Verbund-Werkstoffes und isolierender Keramik-Verbund-Werkstoff. PCT/DE2004/000790.
58. Hüttinger KJ (1990) The potential of the graphite lattice. Adv Mater 2:349–355. https://doi.org/10.1002/adma.19900020803
59. Frank E, Steudle LM, Ingildeev D, Spörl JM, Buchmeiser MR (2014) Carbon fibers: precursor systems, processing, structure, and properties. Angew Chem Int Ed 53:5262–5298. https://doi.org/10.1002/anie.201306129
60. Yajima S, Hayashi J, Omori M (1975) Continuous silicon carbide fiber of high tensile strength. Chem Lett 4:931–934. https://doi.org/10.1246/cl.1975.931
61. Riedel R, Kienzle A, Dressler W, Ruwisch L, Bill J, Aldinger F (1996) A silicoboron carbonitride ceramic stable to 2,000[deg]C. Nature 382:796–798. https://doi.org/10.1038/382796a0
62. Jalowiecki A, Bill J, Aldinger F, Mayer J (1996) Interface characterization of nanosized B-doped Si3N4/SiC ceramics. Compos A Appl Sci Manuf 27:717–721. https://doi.org/10.1016/1359-835X(96)00004-8
63. Baldus P, Jansen M, Sporn D (1999) Ceramic fibers for matrix composites in high-temperature engine applications. Science 285:699–703. https://doi.org/10.1126/science.285.5428.699
64. Cinibulk MK, Parthasarathy TA (2001) Characterization of oxidized polymer-derived SiBCN fibers. J Am Ceram Soc 84:2197–2202
65. Flaig U, Polach W, Ziegler G (1999) Robert Bosch GmbH: Common Rail (CR) System for Passenger Car Di Diedel Engined – Experiences with Applications for Series Production Projects. SAE Technical Paper Series
66. Portal AT www.audi-technology-portal.de/de/antrieb/tdi-motoren/piezo-injectoren. Zugegriffen: 11. Apr. 2016
67. Bäker M (2014) Funktionswerkstoffe. Springer Vieweg, Wiesbaden
68. Egger K, Warga J, Kügl W (2002) Neue Common-Rail-Einspritzsystem mit Piezo-Aktorik für PKW-Dieselmotoren. Motortechnische Zeitschrift 63:696–704
69. Langbein S, Czechowitz A (2013) Konstruktionspraxis – Formgedächtnistechnik. Springer Vieweg, Wiesbaden
70. Glatzel U. www.metalle.uni-bayreuth.de/de/download/teaching_downloads/Vorl_Metall2/Metall_II__Teil_d_Formgedaechtnisleg_Metallische_Glaeser.pdf. Zugegriffen: 13. Apr. 2016
71. Stoeckel D, Pelton A, Duerig T (2004) Self-expanding nitinol stents: material and design considerations. Eur Radiol 14:292–301. https://doi.org/10.1007/s00330-003-2022-5
72. Duerig T, Pelton A, Stöckel D (1999) An overview of nitinol medical applications. Mater Sci Eng A 273:149–160. https://doi.org/10.1016/S0921-5093(99)00294-4
73. Schneider J, Kleuderlein J, Kuntsche J (2012) Tragfähigkeit von Dünnschicht-Photovoltaik-Modulen. Stahlbau 81:315–325. https://doi.org/10.1002/stab.201290075
74. Powalla M, Schock H-W, Rau U Dünnschichtsollarzellen – Technologie der Zukunft? www.fvee.de/fileadmin/publikationen/Themenhefte/th2010-2/th2010_11_02.pdf. Zugegriffen: 31. März 2016